柴田明夫

JN284164

日本は世界一の「水資源・水技術」大国

講談社＋α新書
プラスアルファ

はじめに――二〇二五年には三五億人以上が水不足に

「水の惑星」――地球はしばしば、そう呼ばれる。広大に広がる海は、生命の源だ。だが、人類が利用可能な資源としての水は、決して豊かだとはいえない状況にあることをご存じだろうか。

地球上には一三・九億立方キロメートルの水資源が存在するのだが、その大半は海水すなわち塩水だ。極地などの氷や地下水を除けば、人間が利用しやすい状態にある水は地球全体の〇・〇一パーセントにしかすぎないのである。

これに、人口が爆発的に増え、都市化が進み、多様な水の利用が進んでいる状況を加えると、今、世界は深刻な水不足の危機に直面しているのだ。

二〇二五年には世界人口の半数が水不足になるという国連の報告もある。国境の河川をめぐっての紛争も各地で始まっている。

そのような状況にあって、実は日本は水の輸入大国になっている。安全で安価な水道が保証されているから気づきにくいのだが、水を使うのは飲み水だけではない。世界の水使用量の七割は、食糧（本書では、食糧は穀物、食料は食物一般をさす）生産のためのものなのだ。穀物を例にとれば、一トンを生産するために約二〇〇〇トンの水が必要だといわれている。

つまり、食糧の多くを輸入に頼っている日本は、同時に大量の水を輸入していることになる。この「バーチャルウォーター（仮想水）」の多さを考えると、今の日本は「水貧国」といわざるを得ない。

だが本来、日本は降雨量が多く、他国が羨《うらや》むほど水に恵まれた国。問題は、日本が年間降雨量の二割程度しか活用していないことにある。降った雨をできるだけ速やかに海に流すようなシステムを作ってきたからだ。

一方、森林では戦後スギやヒノキなど生長の早い針葉樹の植林が進み、伐採されないため密植状態でエンピツのような木ばかりが繁り、保水力が低下している。日本は、恵まれた水資源を活かし切れず、無駄にしてきたのだといえる。

この状況を変えることで、日本は生まれ変わると私は信じている。

無駄にしてきた国内の水資源をフル活用できる環境を作り、農業の生産力を高めるのだ。

かつてそうだったように森林での間伐を進める一方、落葉樹を植林し、保水力を高めることが必要だ。そのことで水源が涵養《かんよう》され豊富な地下水が得られるようになる。

水を活かし、食糧生産力を高めることで、日本は世界が直面している危機から脱することが可能なのだ。

水の活用は、ビジネス面での飛躍ももたらすだろう。世界各地での上下水道の配備や海水の淡水化など、日本は高い技術を誇っている。海外では「水男爵（ウォーターバロン）」と呼ばれる企業が世界中で水関連のビジネスを進めているが、日本の企業が持つ技術は決して「水男爵」に劣るものではない。

国内では水資源そのものを活かし、海外では水技術を展開していく。たとえば第四章で触れるように、日本には、四国高知県の松田川河口に宿毛港《すくもこう》がある。この港は自然の良港として知る人ぞ知る日本の重要港湾で、かつて連合艦隊が集結した港でもある。周辺の川からの良質で豊富な水資源を有しているものの、未だ資源として有効活用されていない。

国内の水資源活用と海外での水ビジネス、この二つのテーマが実現すれば、日本は世界でナンバーワンの「水大国」になることができるのだ。

目次◉日本は世界一の「水資源・水技術」大国

はじめに――二〇二五年には三五億人以上が水不足に 3

第一章 水に飢える地球

使える水は〇・〇一パーセント 12
世界人口の半分が水不足に 15
「水はタダ」の常識は崩れた 16
増え続ける水の使用量 17
食糧の背後には必ず水がある 19
なぜ食糧需給が逼迫するのか 22
食糧需要に供給は追いつくか 24
急激に低下した北京の地下水位 27
アメリカの過剰な揚水の危険性 30
汚染水がもたらす疾病 33
地球温暖化による干魃の真相 35
エルニーニョによる農業被害は 37
中国の水問題はさらに深刻化する 41

第二章　頻発する「水戦争」

食糧問題と水紛争の歴史　48
アラル海が直面した悲劇　50
インドが抱える隣国との水問題　52
アメリカの水汚染と水位低下　56
ドナウ川の環境問題とは何か　58
農業七、工業二、生活一の割合　61
中国の都市化と水問題　64
省エネ・省資源は置き去りに　67
水管理が中国最大の課題　71
狙われる日本の水源　75

第三章　「水資源大国」日本の実力

日本の水資源使用率は二割　80
資源価格が高騰する理由　83
資源価格高騰の原因は投機か　87
中国の新資源ナショナリズムとは　90
バーチャルウォーター貿易の実態　93
日本の河川管理の難しさ　95
森林の帯水能力を回復すると　98
水源の涵養に欠かせない法整備　101

復興住宅には森林資源をフル活用　103
過剰を前提にした食糧政策の終焉　106
地域コミュニティを壊した政策　109
農地のフル活用でコメの輸出国へ　112
期待されるコメ先物市場への上場　115

第四章　水ビジネスの実態と可能性

水問題への世界的取り組みとは　120
水は商品か公共財か　123
水を商品化する巨大企業の実像　124
世界を牛耳る「水男爵」とは誰か　127
水道事業民営化の現状　130
なぜ日本は民営化に遅れたのか　133
水供給基地としての宿毛港の未来　135
人気が高まる水関連ファンド　140
水関連ファンドへの高い需要　142
水道設備の老朽化がもたらすもの　144

第五章　世界を救う「水技術大国」日本

造水ビジネスの可能性とは　150
逆浸透膜法が低コスト化すると　153

水処理ビジネスも中国市場で急増 157
激増する需要と日本企業の躍進 159
水のなかに存在する希少資源 162
中国都市部で深刻化する水問題 165
上下水道技術の海外展開を 168
「チーム水・日本」の取り組み 171
水ビジネスに世界標準はない 173
日本企業の最大の弱点とは 176
震災後の日本のあり方を考えると 178
第一次産業を中心に東日本再興を 183
最先端農業都市に見る希望 185

おわりに――日本と日本人の「役割」 187

主要参考文献 190

第一章　水に飢える地球

使える水は〇・〇一パーセント

世界では、今、水不足に対する深刻な懸念が急速に高まっている。利用可能な水資源がほぼ一定であるのに対し、人口の増加や経済発展にともない、世界の水使用量が加速的に増えているためだ。

現在、五億人が慢性的な水不足にあり、二四億人以上が上下水道の不備など水ストレス下で暮らしているといわれている。

水ストレスは、女性たちの日々の労働というかたちでも表れる。とくに、世界では南アジアや西アジア、そしてアフリカ大陸の大半の国が慢性的な水不足にあえいでいる。たとえば、西アフリカ内陸部にブルキナファソという人口一六〇〇万人ほどの国がある。現在、私の前任の丸紅《まるべに》経済研究所所長であった杉浦勉《すぎうらつとむ》氏が、民間から起用されて特命全権大使を務めている。一時帰国の際に聞いた大使の話では、ブルキナファソでは水道が発達しておらず、人々は近くの井戸で水を得ている状態だという。

その井戸も、公共のものは水涸《が》れしないように一〇〇〇メートルの水脈のある深さまで掘るのだが、民間の井戸はとりあえず水が得られればいいというかたちで、一〇〇メートルから二〇〇メートルほどしか掘られていない。

しかも、数が増えてきてはいるといっても、その場所は各集落から平均で四〇〇メートル、遠いところでは一〜二キロ離れている。そのため、女性たちはそこまで歩いて水を汲《く》みにいかなければならない。

テレビのドキュメンタリーなどでも目にする、頭に水がめを載せた女性たちが列をなして歩く姿は、一見、エキゾチックな優雅ささえ感じさせる。しかし実際は、慢性的な水不足の国ではどこでも目にする過酷な女性の重労働にほかならないのだ。

アフリカから日本に来た人が、「おみやげに何がほしいですか」と聞かれて「水道の蛇口」と答えたことがあるという。蛇口をひねるだけで安全な水がいくらでも出てくる——そんな生活環境は、世界的に見れば憧《あこが》れなのである。

水不足がもたらす大きな問題は食糧市場への影響だ。世界の水の約七割は、食糧を生産するために使われている。

しかし、中国やインドなどの新興国で工業化、都市化が進めば、工業用水や都市生活用水の消費が急増し、限られた水をめぐって食糧市場とのあいだで争奪戦が強まる可能性が高い。

今後、深刻化する水不足問題に対して、我々は水の利用と開発に向けた政策的選択と国際的な協調を迫られることになるだろう。

地球は「水の惑星」と称されるように、一三・九億立方キロメートルの豊富な水資源がある。だが、そのほとんどは海水であり、我々が利用できる水のうち淡水は二パーセント強にすぎない。しかも、この貴重な淡水の大半は南極や氷河、万年雪、地下水などのかたちで閉じ込められている。

人間が利用しやすい状態にある河川や湖の水は、地球の水全体から見るとわずか〇・〇一パーセントなのである。

また、その分布は、地域的にも、時期的にも大きな偏《かたよ》りがある。世界の人口の六割がアジアに居るが、世界の降水量の三六パーセントしかアジアには降らない。

たとえば、東南アジアは雨季と乾季に分かれている。中国などのように、北部は乾燥し、南部は多雨であるなど、地域による年間降水量の偏りが大きい国もある。そのことで、絶対的な水不足問題に加えて、洪水や干魃《かんばつ》などのさまざまな水危機が発生しやすくなってしまうのだ。

水資源の量が限られるなか、世界人口が増加し、加えて世界経済が発展、生活水準が向上するのにともなって一人当たりの水使用量も増えている。この結果、世界の取水量は毎年、着実に増え続けている。

水資源の配分は、石油や金属資源にもまして不平等なのだ。さらに悩ましいのは、水は石油などと違って、ほかに代替するものがないということである。

世界人口の半分が水不足に

水問題の専門家であるピーター・H・ブライク博士は、人間が生存するためには、一人につき一日当たり最低五〇リットルの生活用水が必要だが、平均してそれ以下の生活用水しか使用できない状況にある国が五五もあると指摘している。

今のところ、日本で生活している限り、水に関する危機は切迫したものとは感じられないかもしれない。だが、すでに多くの国々にとっては重要な課題になっている。

国連では、古くから水問題を解決すべき重要な課題として取り上げてきた。一九七七年にアルゼンチンで開催された国連水会議では、水の問題がさまざまな角度から真剣に議論されている。

これを契機として、環境と開発に関する国際連合会議や世界水会議が継続的に開催されるなど、水問題をめぐる議論は国際的に続いてきた。

不衛生な水しか飲めない生活を強いられている人々は、世界人口の二割、一二億人いるといわれている。だが最近の国連の報告書によれば、二〇二五年までに、世界人口の半分に当たる三五億人以上が水不足に直面するおそれがあるという。

付け加えるなら、毎年三〇〇万人から四〇〇〇万人が水を原因とする疾病《しっぺい》で命を失っており、その多くが五歳未満の乳幼児だ。

「水はタダ」の常識は崩れた

かつて、日本人は「水と安全はタダだと思っている」といわれたものだ。だが、これだけミネラルウォーターが普及した現在では、さすがに「水はタダ」と考える人も少なくなったことだろう。

それでも、「水はいつでも簡単に手に入る」と考えている人は多いはずだ。それが一般的な日本人の姿であろう。

しかし、日本人が知らないところで、水をめぐる環境は急激に悪化している。このまま放っておけば、簡単に手に入るどころか「生活から水がなくなる」という事態すら起こりうる。

これは何も、飲み水や生活用水のことばかりではない。水不足は、食料不足の問題に直結する。食料自給率が低い日本にとって、世界の水不足は深刻な問題なのだ。

農業はもっとも大量に水を使う産業である。にもかかわらず、水の利用の仕方がきわめて非効率的だ。たとえば、水田からは常に水が蒸発する。植物の葉からは空気中に水分が蒸散していく。その量は、植物の光合成に必要な水の数百倍にもなるという。

そのほかにも、水はさまざまなかたちで人間の社会や生活、経済活動に影響を及ぼすものだ。二一世紀に入り、エネルギーや鉱物資源、穀物などの食糧をめぐる諸問題が浮上してきたが、そこにも水が深くかかわっている。石油や石炭、天然ガスを採るためにも大量の水が必要とされるのだ。

世界最大の油田であるサウジアラビアのガワール油田では、長く採掘を続けてきたため、油層内部の圧力が低下している。そのため、これまでの生産量を維持しようとすれば、大量の水を投入して圧力を高める必要があるのだ。

また原油価格が高騰するなかで、カナダでは水分が蒸発して固体化したタールサンド（油《ゆ》砂《さ》）からの原油生産が拡大している。そこから石油を回収するためには、高温・高圧の水蒸気を吹きつけなければならない。石油だけでなく石炭の生産でも、掘削の際の粉塵《ふんじん》防止や選炭のために大量の水が使われる。

増え続ける水の使用量

一方で、人口増加や経済の発展にともない、世界の水使用量は人口増加を上回るペースで拡大している。

二〇世紀の初めには十数億人だった世界人口は、一九五〇年に二五億人に達し、二〇〇〇年には六〇億人を突破した。これは四〇年で二倍という増加ペースであり、二〇五〇年には九〇億人を突破する見通しだ。

では、地球が養える人口はどのくらいなのだろうか。グリーンレボリューション（緑の革命）発祥の地であるフィリピンの国際稲作研究所（ＩＲＲＩ）は、地球が養える最大限の人口を八三億人としている。八三億人といえば、二〇二五年には突破しそうな数字だ。

世界の水の使用量も急増している。世界気象機関（ＷＭＯ）によると、世界の水の年間使用量は、一九三〇年の一〇〇〇立方キロメートルに達するのに数千年を要したものの、その後の三〇年、つまり一九六〇年には二〇〇〇立方キロメートルへと倍増。その二〇年後である一九八〇年には三〇〇〇立方キロメートルになっている。

そして今や毎年四〇〇〇立方キロメートル近い水が使用されており、さらに二〇二五年には五〇〇〇立方キロメートルに迫る見通しだ。これだけ増え続ければ、水不足が懸念されるのも当然のことだ。

この背景には、中国やインドなどの新興国が工業化による持続的な高成長過程に入ったことがある。工業用水や生活用水の需要が急速に高まったのだ。新興国の工業化は、工業部門と農業部門での水の争奪戦を否応《いやおう》なしに激化させることになるだろう。

今後、水不足の問題がもっとも先鋭的に表れそうな地域は、アジア地域である。中国、インドを擁し、水資源の使用量は世界のほかの地域と比べても圧倒的に高い。しかも、その増加率も大きい。

アジア地域は、世界人口の約六割を占める一方で、降水量は世界の三六パーセントにとどまっている。急速な工業化が進む中国では、すでに北部を中心に水不足が深刻化している。世界でもっともダイナミックに成長しているアジアは、同時に水不足問題の中心でもあるのだ。

食糧の背後には必ず水がある

水不足は、世界の食糧生産を制約する大きな要因でもある。現在、世界の水の消費量の約七割が食糧生産に使われている。

灌漑《かんがい》耕地面積は全耕地面積の二割弱なのだが、世界の食糧生産量の約四割を生産している。

今後、拡大する食糧消費に応じて生産を増やすためには、灌漑整備をさらに拡大して大量の水を使い、高収量品種を投入して、農薬・肥料を多投し、農業機械化体系を導入する必要がある。

国連教育科学文化機関(UNESCO)によると、穀物一トンを生産するのに必要な水は、小麦で一一五〇トン、コメ二六五〇トン、トウモロコシで四五〇トン、大豆二三〇〇トン、平均すると約二〇〇〇トンの水が必要だ。こうした食糧生産のための大量の水は、おもに灌漑農業で使われる。

ちなみに、農林水産省農村振興局「世界のかんがいの多様性」によると、世界の灌漑耕地面積は、一九六一年の一億三九〇〇万ヘクタールから一九九九年の二億七四〇〇万ヘクタールへと、三八年間で約二倍に拡大している。これは全耕地面積の約一八パーセントに当たり、その約六六パーセントがアジアにある。さらに、この二割弱の灌漑耕地で世界の食糧の約四割を生産しているのである。

今後、世界の穀物需要の増加に見合った生産を行うためには、灌漑整備と農業用水の増加が不可欠である。世界気象機関(WMO)によれば、世界の農業用水の年間消費量は、一九九五年の二五〇四立方キロメートルから二〇二五年には三一六二立方キロメートルに、二六パーセント拡大する見込みである。この拡大分は、一九九五年の世界の工業用水使用量に匹敵し、同年の生活用水使用量の二倍に相当する量である。

WMOは、この農業用水を供給するために世界の灌漑面積として三億二九〇〇万ヘクタールが必要と予測している。二〇二五年には工業用水、生活用水の使用量自体が増加し、農業用水の使用量と合わせると、世界の年間水使用量は四九一二立方キロメートルと、一九九五年の約一・四倍となるとみられる。

新たな水資源を確保するためにはダム開発などへの投資が必要である。しかし、効率的・経済的なダムサイト（ダム建設用地）が減少するなかで、環境に配慮しつつ、灌漑整備のための農業用水を確保するのは容易ではない。

一方、先述の二〇〇〇トンの水で工業製品か穀物のいずれを作るか考えた場合、通常、付加価値の高い工業製品が優先されることになる。

こうなると、とくに影響が大きいのは食肉。人口が増加している新興国において経済が発展し、所得が豊かになって食肉需要が急増している。一九九〇年には約一億五〇〇〇万トンだった世界の食肉需要は、二〇〇七年には約二億五〇〇〇万トンにまで増加している。

そのほとんどが、新興国の需要増加によるものだった。中国だけでも、約五〇〇〇万トン増加しているのである。食肉一キロを生産するのに必要な飼料は、牛肉で一一キロ、豚肉で七キロ。食肉消費量が一億トン増加したということは、穀物需要が七億〜一一億トン増加したということでもあるのだ。

こうしたなか、国際食糧市場では、二〇〇八年前半に穀物価格が史上最高値をつけた。アルゼンチンやベトナム、インドなど主要な穀物輸出国では、国内の需要を優先させるため輸出規制を強めた。

その結果、約二〇ヵ国で食糧をめぐる抗議運動や暴動が発生。その後、世界的な金融危機により穀物価格は急落したものの、二〇一〇年夏以降は再び騰勢を強めている。

穀物価格の急騰は天候要因が契機となったものだが、根本には世界の食糧需給構造の転換があるといえよう。

なぜ食糧需給が逼迫するのか

二一世紀に入ってから、世界の穀物市場では、中国やインドなどの人口超大国が持続的高成長過程に入ったことにより、毎年新たな穀物需要が喚起されることになった。このため、世界の穀物需給は、一九九〇年代の供給過剰から供給不足へと百八十度転換。それにともない穀物価格も、一九九〇年代までの安価な水準から、新たな高水準へと均衡点価格の変化が起こっているのである。

アメリカ農務省（USDA）によると、一九九〇年代後半までは約一八億トン台で安定的に推移していた穀物の生産量は、二〇〇〇年以降は拡大基調をたどり、ここ数年は二二億トン台と、過去最高レベルにある。

しかし、この間、旺盛な消費に生産が追いつかず、世界在庫が取り崩されるかたちで需給が調整されてきた。

ちなみに、穀物の期末在庫率（年間消費量における期末在庫量の割合）は、一九九〇年代の三〇パーセントをピークに、二〇〇〇年代に入ると急激に低下。二〇〇七年度末には一六パーセント台にまで落ち込んだ。一時は一四パーセント台にまで低下し、食糧危機騒動が起きた一九七三年の一五・三パーセントをも下回った。

需給の逼迫《ひっぱく》を受け、二〇〇八年前半に穀物価格が歴史的レベルにまで高騰したこともあって、世界中の生産者のあいだで増産意欲が強まり、在庫率はいったん二〇パーセント台を回復した。しかし消費が旺盛なため、在庫の積み上がりは限定的なものにとどまり、足元の期末在庫率は再び一八パーセント台に低下している。

問題は食糧生産に支障があるわけではないことだ。世界の食糧生産は二二億トン台と史上最高水準にある。にもかかわらず在庫が積み上がらない最大の要因は旺盛な消費にある。

近年の急激に拡大する穀物市場においては、消費・生産・在庫が相互に関連しながら拡大循環をしている。干魃などで一時的に需給バランスが崩れると、価格の暴騰につながりやすい。穀物市場は、いったん不足すれば、奪い合いの構図に転換することになる。

世界人口の増加、中国・インドなど新興国の食生活変化、バイオ燃料の急増、さらには急速に進む地球温暖化や水資源の枯渇問題、遺伝子組み換え作物の普及、農薬・肥料などの投入コストの上昇、投機マネーの流入、開発投資の減少——数多くの新たな要因が現れ、それらが相互に絡み合うようになった結果、食糧市場はますます不安定化しつつあるといえる。

急速な需要増加は、中国が先進国に至るまでの過渡期の現象ということができる。とはいえ、過渡期といっても人口一三億人にとっての過渡期である。その期間も一〇年や一五年では済みそうにない。そして、その間にも、世界の食糧市場では需要サイドからの価格押し上げ圧力が加わり続けるのである。

食糧需要に供給は追いつくか

拡大し続ける食糧需要に、供給は追いつくことができるのだろうか。

一般に、食糧の供給は耕地面積と単収（単位面積当たりの収量）で決まる。長期的な世界の穀物生産量は、一九六五年の約一〇億トンから二〇〇〇年代初めの約二〇億トン台へと、ほぼ一貫して拡大している。

しかし、この間、耕地面積は七億ヘクタール程度で推移しており、生産の拡大はもっぱら単収の増加によるものであることが分かる。ちなみに、穀物の平均単収は、一九六一年のヘクタール当たり一・四トンから、二〇〇七年には三・三トンへと倍増している。

しかし、一九六一年から一九九〇年にかけての年平均の単収増加率が二・五パーセントであったのに対し、一九九〇年から二〇〇七年にかけては一・二パーセントと大きく低下している。

今後、この延長線上での単収の増加は考えにくい。また、人口増加を考慮すると、世界の一人当たり耕地面積は、一九六一年の約〇・四五ヘクタールから、一九九九年には〇・二五ヘクタールへと、四割以上も低下している。

一方で、世界には農地開発の余地も休耕地も多く、水資源にも充分な余裕があり、単収も、窒素肥料を加えれば飛躍的に上昇するだろうとする楽観的な見方もある。

机上の計算では、確かにそうなるのかもしれない。だが実際には、机上での技術的な最大供給可能量が決まる前に、経済的に供給可能な限界が立ちはだかっているのだ。

新たな農地を開発し単収を上げるためには、灌漑整備をし、大量の水を使い、品種改良した高収量品種を蒔《ま》き、多くの農薬と肥料を投入し、機械化体系を導入することなどが不可欠だ。だが、当然これらにはコストがかかる。

また、農薬や肥料を投入し続けると次第にその効果が薄れてくるという問題もある。いわゆる収穫逓減《ていげん》の法則というものだ。

環境面での制約も大きい。耕地面積が過去三〇年以上にわたって変化していないのは、決して何もしないで定常状態にあるからではなく、ブラジルのセラード開発など今も積極的な農地開発が行われる一方で、砂漠化や土壌劣化により進む農地改廃との綱引きの結果なのである。

また、灌漑整備や農業用水の増加は、開発のやり方を間違えると、かえって地球に砂漠化や水資源の枯渇《こかつ》といった環境問題を引き起こすことになりかねない。

砂漠化とは、かつては緑豊かな土地だったものが、次第に土壌が侵食され、土壌の水分が失われていくことだ。

実際、急速な穀物生産の増加は、同時に、化学肥料の多投、羊や牛の過放牧、地下水の過剰な汲み上げや農業用水からの必要以上の水の蒸発、水漏れといった灌漑施設の不適切な管理をともなうものであった。

問題は、数十年にわたって続いたこれらの不適切な農業活動の累積効果がエロージョン（土壌浸食）や塩害などといった土壌劣化、砂漠化の進行、水源の枯渇といったかたちで顕在化してしまうことなのである。

砂漠化の典型的な例が、モンゴルである。モンゴルは資源大国であり、埋蔵量が豊富とされる原料炭をはじめ銅、金、レアメタル（希少金属）などを求めて欧州各国やアメリカ、ロシア、中国、日本が熾烈《しれつ》な争奪戦を展開している。鉱物探査や鉱山開発のために莫大な資金が投入され、この国では資源ブームが消費ブームを引き起こしてもいる。

また、モンゴルは世界有数のカシミアの産地でもある。カシミアヤギの毛から作られるカシミアは貴重品のため、輸出需要を当て込んでヤギが急増した。ヤギは草を徹底的に食べ尽くすから、放牧すれば表土がさらされるようになってしまう。そのため風食などの影響を受けやすくなった土地は、砂漠化を招きやすいといわれている。

二〇〇七年の九月、筆者がモンゴルを訪れたとき、首都ウランバートル近郊の山腹まで数多くのヤギが放たれ、しきりに新芽を食《は》んでいるのを見たことがある。数年前までは家畜の全飼育頭数のうち一〇パーセントほどだったヤギだが、このときには三〇パーセントを超えていたという。

つまり、水環境を改善し、草地を増やせば増やすほど、ヤギを飼う余地が生まれる。しかし、ヤギの放牧はそれだけ砂漠化も加速させるということなのだ。

急激に低下した北京の地下水位

食糧生産を増やすには、さらなる灌漑の普及がもっとも効果的な方法である。

国連食糧農業機関（FAO）も、「人口の増加や食生活の高度化（畜産物の消費の増加）にともない、二〇五〇年の穀物需要は一九九九年〜二〇〇〇年平均の一・六倍、三〇億トンに増大する」と予測。また「食糧増産を達成するため、引き続き灌漑耕地を拡大させていく必要がある」とも指摘している。

灌漑のための農業用水の使用量は、一九九五年と比べ、二〇二五年には二六パーセント増大すると推計されている。

一方、環境面では、灌漑農業は大量の水を浪費するものということになる。灌・排水路を流れる水が日光にさらされると、流水や圃場《ほじょう》の表面から蒸発してしまうためだ。

もちろん、作物の葉などからも水は蒸発し続ける。動物が汗をかくことで体温を調整するのと同じように、植物も熱を放出させるために水分を蒸発させるのである。そのため、農業用水の半分は回収不能となってしまう。

灌漑のための水の大半は、地下水を汲み上げることで供給される。その結果として、世界中で地下水の水位の低下や枯渇が懸念されるようになった。淡水の三割を占める地下水は、地球にとっては血液のようなもの。それだけ重要なものが、危機的な状況に置かれているのだ。

たとえば、インドでは灌漑用水の約半分に地下水が使われている。しかも地下水を汲み上げる電動ポンプの電気料金は無料である。水道料金も徴収されず、設備は外国の資金で作られているため、農民はコストを負担することなく水を使うことができる。これでは、節水の動機など生まれようがない。

インドでは、一九八一年に約四〇〇万本だった井戸が、一九九七年には約一七〇〇万本になっている。四倍以上の増加だ。この間、地下水による灌漑面積は六倍の三六〇〇万ヘクタールへと拡大。このようにして、重要な地下水が大量に消費されているのである。

中国でも、水の総需要量に対する農業用水の割合が八割を超えるなか、北部では慢性的な水不足に悩まされている。そもそも世界人口の二割（一三・五億人）の人口を抱えながら、世界の水源の六パーセント程度しか持たない点に悩ましい問題がある。

華北平原の北部では地下水位が年に一〜一・五メートルずつ低下。とりわけ一九九九年には、北京《ペキン》の地下水位が一・五メートルも低下した。一九六五年以降、北京の浅い帯水層の水位は約五九メートル下がったという。

北京周辺の深井戸は、いまや淡水を採取するのに一〇〇〇メートルも掘り下げなくてはならず、それにともなって水供給のコストも急激に増加することになった。

当然、農業への影響も懸念される。華北平原で掘られた井戸は一九六一年には一一万本だったが、一九九七年には二〇〇万本に増加している。

この背景には、水料金の安さがある。中国の「水法」に原則が定められた水の料金体系は、北京市の家庭用水で一トン当たり二元（上水道）、すなわち三〇円ほどである。下水道は〇・五二元（約七・五円）。非常に安く使用できることで、インドと同様に節水意識が高まらないのだ。

ちなみに日本では、たとえば東京都の場合、一トン当たり二〇〇〜四〇〇円である。

アメリカの過剰な揚水の危険性

地球には地下水が一〇五〇万立方キロメートル存在するといわれている。そのなかには地層の堆積《たいせき》時に地層中に閉じ込められ、水の循環から孤立した「化石水」と呼ばれるものも多い。

この化石水が、中東やアメリカ・カリフォルニア州のセントラルバレーや中部のオガララ帯水層などで農業用水として使われ、涵養《かんよう》量を上回る過剰な揚水が行われるため地下水の枯渇が進んでいる。

とりわけ深刻な問題として指摘されているのは、アメリカのオガララ帯水層だ。

アメリカの中西部は、年間降水量が五〇〇ミリ以下という乾燥地帯である。そのため、オガララ帯水層からのポンプ灌漑システム（センターピボット）により、大規模農業を展開している。

気象条件や地層の構造のため、オガララ帯水層への涵養量は極めて少ないのだが、大規模灌漑による地下水の汲み上げが続けられた結果、地下水位が低下し、今では枯渇する井戸もある。

　この地では、灌漑面積の縮小やローテーションによる休耕など、灌漑用水の効率的な利用が進められはじめているが、それでも地下水位の低下は止まることがない。

　アメリカ地質調査所によれば、帯水層からの取水が拡大する以前から二〇〇〇年までのあいだに、水量は二四二九億立方メートルも減少。平均水位は三・六メートル低下しているという。

　農業大国であるアメリカでは、一九七〇年代の末からエロージョンや水質汚染などの問題が指摘されてきた。農業用水の利用に関しては、工業部門や都市生活用水など民生部門との競合が激化した。

　また野生生物保護のための規制強化などによって、アメリカ南西部の穀倉地帯を中心に、使用できる農業用水の深刻な減少が大きな課題となっている。

　ヨーロッパでも、一九八〇年代に密植など集約的な農業生産の方法が取り入れられ、地下水汚染、エロージョン、野生生物の生息地の減少などが指摘されるようになった。

　アジア地域やアフリカなどの新興国、発展途上国でも、不適切な農業活動によるエロージョン、塩害、水源枯渇などが深刻化している。

　貧困問題を抱えた地域では、薪炭材《しんたん》の採取のために森林伐採が行われ、加えて焼《や》き畑《はた》農業のために森林が減少している。これらによって地域の生物多様性を損ね、地球温暖化の原因にもなっている。

地球温暖化と森林火災の関係も見逃せないところだ。二〇〇七年六月のギリシャ・アテネ郊外での森林火災や、二〇〇七年一〇月のカリフォルニアにおける大森林火災は甚大《じんだい》な被害をもたらした。地球温暖化などの影響で乾燥状態が続き、落雷などちょっとした原因で火が燃え広がりやすい状況にあることは確かだ。

さらに問題なのは、いったん砂漠化がはじまれば、その土地では塩害が発生し、植物が育たなくなるため、砂漠化に拍車がかかってしまうことだ。

ただ、こうした事実は、我々にとっての課題であると同時に、チャンスでもあるということができる。さまざまな問題を抱える農業用水を合理的に利用することができれば、世界の水供給のバランスは改善されるのだ。

たとえば、圃場からの蒸発を防ぐための点滴農業は、すでにアメリカなどで行われている。これは長いパイプの筒先から、水を少しずつ作物の根元に滴下するという節水灌漑だ。

水に対する意識を高め、制度を改革し、技術を駆使することで、問題を解決していくのだ。そして、それをリードできるのは日本ではないかと私は思っている。

汚染水がもたらす疾病

中国やインドなど新興国の急速な工業化は、貴重な淡水資源の汚染をもたらすことになった。国連の調査によれば、世界では、産業廃棄物や化学物質、屎尿《しにょう》、農業廃棄物（肥料や農薬およびその残渣《ざんさ》）などの廃棄物が、河川や湖などに一日あたり約二〇〇万トン排出されているという。

この廃棄物によって、汚染が広がる。通常、一リットルの汚水は八リットルの淡水を汚染するといわれている。

こうした水汚染の影響をもっとも受けているのが、開発途上国の貧困層である。国連の「世界水発展報告書」は、開発途上国の人口の半分が汚染された水を利用しているとしている。

とりわけ、アジア地域は人口が多いにもかかわらず水資源が限られているため、汚染の問題が深刻になっている。前述したように、アジアには世界の水資源の三六パーセントしかないのだが、世界人口の六〇パーセントを抱えており、水不足の問題がより先鋭化して表れやすいのである。

アジアなどの発展途上国では、病気や死亡の原因として水に起因するものが多い。日本人が海外旅行をするときに、水道の水を飲まないようにするというのは常識になっている。つまり、それだけ海外、とくに発展途上国の水によって病気になる可能性が高いということだ。下痢や胃腸病など、汚染された水を飲むことに起因する疾病は少なくない。

アフリカなどでよく見られるマラリアや、住血吸虫症といった生物を媒体とする疾病は、水域生態系で繁殖する昆虫や巻貝を中間宿主として感染するものが多い。

また、日本ではプールで感染することが多いトラコーマなどの眼病も、そもそも洗濯や入浴など衛生のための生活用水が不足することで不衛生な水を使わざるを得ず、そこに発生するバクテリアや寄生虫によって感染してしまうのである。

「世界水発展報告書」によれば、二〇〇〇年の一年間だけで、世界では不衛生な上下水道設備を原因とする下痢、住血吸虫症、トラコーマ、腸内寄生虫などの感染症によって、約二二一万人が死亡したと推定されるという。マラリアだけでも、一〇〇万人が死に至っている。そして、世界的な感染者数は、二〇億人以上に上る。

加えて、こうした被害を受けている者のほとんどは、五歳未満の子供たち。その大半は予防が可能であったともいわれている。

世界では、今もなお一一億人もの人々が良質な水道水を利用できず、二四億人が衛生的に整備された下水道設備を利用できない状態にある。

仮に、それらの未整備地域に水を供給する上水道設備を整備し、基本的な下水道設備を普及させれば、感染症による下痢は年間一七パーセント低減すると推計されている。

地球温暖化による干魃の真相

水の問題は、地球温暖化とも密接な関係にある。

地球温暖化が指摘されるなか、世界の主要穀物産地で、干魃、多雨、洪水、台風やハリケーンの頻発など、異常気象が見られるようになった。

これらの異常気象については、エルニーニョ現象やラニーニャ現象との関連性が指摘されることも多い。

エルニーニョ現象とは、南米ペルー沖から太平洋中部赤道海域にかけての海面水温が半年から一年半にわたって、平年よりも一〜五度上昇するという現象だ。そして、この逆のケースがラニーニャ現象である。

ペルー沖の気圧は、通常インドネシア付近の気圧より高いため、南太平洋では貿易風と呼ばれる風が東から西へ向かって吹いている。この影響で、東南アジアの温水海域では上昇気流により積乱雲が発生、雨がもたらされる一方で、ペルー側は乾燥した気候となる。

エルニーニョ現象が発生すると、この貿易風が弱まり、向きが逆転して、温水域がペルー側に広がるため、積乱雲の発生域も東側へと移る。この現象によって、海面水温、偏西風、降水分布が平年から大きくくずれ、世界的規模で異常気象がもたらされるのだ。

一九九七年から翌一九九八年にかけては、二〇世紀最大規模のエルニーニョ現象が発生した。これにより、世界中の農産物が被害を受けている。

中国では東北部の干魃により、トウモロコシ生産が前年比で二割近く減少。インドネシアも干魃によりコメの生産が落ち込み、通貨危機にともなう経済混乱も加わってコメ価格が高騰。さらには、地方都市でのコメ流通商人への焼き討ちという事態にまで発展している。ほかにもインドやオーストラリア、南アフリカなども干魃の被害を受けている。

エルニーニョ現象の翌年には異常気象が発生し、穀物価格が高騰しやすい。とくにここ数年は、世界的に高温乾燥の天候が常態化しており、穀物価格の波乱要因となってきた。

シカゴの穀物市場では、例年四月から「世界のパンかご」と呼ばれるアメリカ中西部のコーンベルト地帯で、トウモロコシや大豆の作付けがスタートし、九～一〇月の収穫期までが天候相場となる。

この間、マーケットの関係者は世界のトウモロコシ生産の約四〇パーセント、大豆の約三五パーセントを占めるアメリカの作柄《さくがら》の変化に一喜一憂することになる。同時にカナダ、オーストラリア、中国、ヨーロッパ、旧ソ連圏の天候にも神経を尖らせる。

一〇月に入ると、ブラジル、アルゼンチンなど南米諸国で作付けが始まる。南米の大豆生産は一九九〇年代後半から急増。現在ではすでにアメリカを抜いて世界の四割以上を占めている。だが、そのことが必ずしも世界の大豆の安定供給につながるわけではない。

北半球と南半球の穀物市場が交互に天候相場期を迎えるということは、年間を通じて、世界の穀物市場が天候相場期にあることになる。そのため、市場関係者はますます異常気象から目が離せなくなっている。

エルニーニョによる農業被害は

こうした状況下では、異常気象への懸念はさらに高まることになる。一九七〇年代以降のアメリカを中心に、世界の主な異常気象と穀物市場の動向を見ていくと、エルニーニョ現象やラニーニャ現象と、アメリカでの干魃をはじめとした世界の異常気象との関連性が強いことが分かる。

また一九七〇年代までは四〜五年に一度だったエルニーニョ現象とラニーニャ現象が、一九八〇年代以降は頻発するようにもなっている。

近年では、二〇〇二年にエルニーニョ現象が発生し、北半球を中心に異常気象が多発することになった。アメリカ中西部、カナダ、オーストラリア、インドネシア、インドは干魃の被害を受け、ヨーロッパではドイツ東部やチェコが洪水に襲われている。九月にはフランス南部が集中豪雨に見舞われ、農産物が甚大な被害を受けた。

主要な小麦生産国が深刻な干魃に見舞われたなかでも、オーストラリアは前年の二四九〇万トンから一七一〇万トンへ、実に三一パーセントという大幅な減産を余儀なくされている。カナダでは二一パーセントの減産となった。

アメリカのトウモロコシ生産も二・二六億トンと、前年比七パーセントの減少。これは一九九五年以来の低水準だ。

異常気象の被害は、アジアにも広がった。インドは一二〇年ぶりの干魃に見舞われ、コメの生産は一九九〇年代前半のレベルに落ち込んでいる。ベトナムでは二〇〇二年に北部紅河デルタ地帯で洪水が発生し、中部・北部地方は深刻な干魃で多くの貯水池が干上がってしまった。

日本も例外ではなかった。七月には早くも台風が接近したのだ。

中国では南部の洪水で一五〇〇人以上が死亡している。また各地の暖冬、干魃に加えて病害虫の発生により、小麦生産が三年連続で減少している。その生産量は一四年ぶりに九〇〇〇万トンを下回った。

世界的な高温は、二〇〇三年も続くことになった。六月から八月にかけてはユーラシア大陸をはじめ北半球が異常気象に見舞われている。ヨーロッパでは六月以降、広範囲で高い気温が続き、八月に入ると高温は一段と顕著に。フランスでは最高気温が四〇度を超え、五〇〇〇人以上が熱中症で死亡している。

イギリスやドイツでも最高気温が平年を八度近く上回り、三八度を記録している。またポルトガルやロシア東部、フランス南部では大規模な森林火災が発生。クロアチアを流れる主要な河川は一〇〇年ぶりの低水位となった。

アフガニスタンでは史上最悪の砂嵐が発生し、インド大陸やアフリカ東部は洪水の被害を受けている。アメリカでも、八月に高温乾燥天候が続き、日本も東北、北海道を中心に一〇年ぶりの冷夏・多雨となったのは記憶に新しいところだ。

二〇〇四年から二〇〇七年にかけても、異常気象の被害は続いている。二〇〇五年は、エルニーニョ現象、ラニーニャ現象ともに、顕著なものは観測されていないのだが、アメリカ、南欧、オーストラリア東部、北アフリカ、アルゼンチンなど世界の主要穀物産地が高温乾燥天候となっている。

とくにアメリカ中西部のコーンベルト地帯では、イリノイ州、ウィスコンシン州などで年初から深刻な乾燥天候に見舞われた。スペイン、ポルトガルは六〇年来の干魃に見舞われ、高温乾燥天候はフランス南部にも広がった。

スペインの農水食糧省によると、二〇〇五年の小麦や大麦の生産は前年比で半減。トウモロコシも一五パーセントの減産となったという。二〇〇六年のオーストラリアも、最大の小麦生産地帯であるニューサウスウェールズ州が干魃に見舞われ、小麦の生産が前年比六割にとどまっている。

コメの収穫量は、受粉を過ぎた生育期間の気温が一度上がるごとに約一〇パーセント減少するといわれている。コメに限らず、大豆やトウモロコシ、小麦などの穀物も同様だ。高温乾燥天候においては、作物が水分の蒸散を抑えようと葉をきつく巻く傾向があり、そのために光合成が低下して生育が止まってしまうのである。

では、二〇一〇年から二〇一一年にかけての気象はどうか。過去の経験によれば我々を取り巻く環境は瞬時にして一変する。

世界の穀物市場では二〇一〇年前半にかけて、大豆、トウモロコシ、小麦、コメとも記録的な豊作が見込まれていた。これを映して穀物価格も春先より軟化傾向にあった。

ところが、七月に入って小麦価格が暴騰《ぼうとう》。大豆、トウモロコシ価格も急伸し、市場を驚かせた。世界各地で発生している異常気象がロシア、カザフスタン、ウクライナなど黒海沿岸の小麦産地に深刻な干魃をもたらし、大幅減産が不可避になったためだ。

ロシアのプーチン首相は、小麦などの穀物輸出を一二月末まで禁止すると発表し、その後二〇一一年六月末まで禁輸を延長した。

二〇一〇年秋口には南半球でも、アルゼンチンの干魃やオーストラリアの大雨・洪水懸念が伝えられるようになった。イギリスのフィナンシャルタイムズは八月一七日、「ラニーニャ到来――作物価格を攪乱《かくらん》」とする記事で、食料市場は今、新たな潜在的攪乱要因に直面していると指摘した。

二〇一一年に入ってからは、フランスやドイツで高温・乾燥による冬小麦や菜種の作柄悪化、アメリカでは四〜五月にかけて中西部コーンベルト地帯での大雨・洪水、そして中国では長江流域での大規模な干魃によるコメ生産への影響が懸念された。

筆者は、最近の異常気象を契機とした世界的な食料問題に、強い既視感を覚えるようになった。

中国の水問題はさらに深刻化する

中国では、エネルギー、農業とともに環境の問題が、持続的な経済発展のために解決すべき重要な課題とされている。なかでも、当局が重大な問題ととらえているのが水不足だ。

中国国家統計局が発表した「中国統計年鑑」二〇〇四年版では、初めて自然環境関連の各種統計が公表されているが、その内容のうち多くが水資源関連の統計に割かれている。

中国は元来、農業国であり、毛沢東《もうたくとう》も国を治めるに当たって食糧増産に力を入れてきた。飢えに対する国民の不安を取り払おうと努めたのである。

急速な経済発展を遂げている現在でも、中国では食糧問題、農業問題は重要な課題だ。だからこそ、この国にとって最大の懸念の一つが水不足なのである。

中国の国土は日本の二六倍もあり、人口は一三億を超えて世界一である。天然資源にも恵まれ、石炭、石油、天然ガス、鉄鉱石、ウラン、タングステンなどに関しては世界でも有数の産出国。コメ、トウモロコシ、小麦、大豆など食糧の主要生産国でもある。にもかかわらず、利用できる水資源は世界の六パーセント程度しかない。

加えて、あまりにも人口が多いために、一人当たりで計算すると、これらの資源量も極めて少ない「資源貧国」となってしまう。そして、その少ない資源の最たるものが水なのである。

中国の水需給には三つの特徴がある。その一つは、国土や人口に比べて水資源量が少ないことだ。

中国科学院によると、中国の水資源は約六一〇〇立方キロメートル。これは地球全体の淡水の量三五〇〇万立方キロメートルの〇・〇一七パーセントにすぎない。国土面積は世界の七パーセント、人口は約二〇パーセントだから、あまりにも心もとない数字である。

第二の特徴は、中国国内における総給水量が減少傾向にあることだ。総給水量の約八割は地表水で、約二割が地下水となっているのだが、ここ数年は地表水の減少が大きい。典型的なのが華北地域の黄河の断流で、これは農業生産拡大のために上流域で行われてきた灌漑の影響によるものである。

水が届かなくなった下流域では、地下水を大量に汲み上げて利用しているのだが、そのために地下水位も低下していくことになった。浅い井戸をつぶして深い井戸を新設する動きが強まることで、地下水源そのものも減りつつある。また沿岸地域では地下帯水層に塩水が浸入する「海水浸入」の問題も起こっている。

中国における水資源の分布はかなり偏《かたよ》っている。人口一〇万人以上の全国約六六〇の都市のうち、すでに四〇〇都市が水の供給不足に陥っており、そのうち一一〇都市が深刻な水不足の状態にあるといわれている。

近年の地球温暖化の影響もあって内陸部の氷河は縮小しており、黄河や長江の上流域に約四〇〇〇もあった湖は半減してしまった。水資源そのものが減りつつあるのだ。

そして第三の特徴は、用途別に見た水需要構造の変化が著しいということだ。

水需要の七割弱は農業用水なのだが、作付面積の減少もあって、農業用水は、一九九九年の三八六九億立方メートルから、二〇〇三年には三四三二億立方メートルへと、一一パーセントも減少している。しかし、二〇〇四年以降、再び農業用水の需要は拡大に向かい、二〇〇九年では三七二三億立方メートルとなっている。

これは中国の農業政策の転換と関わりがあるようだ。すなわち、中国は二〇〇三年まで、過去三〇〇〇年にわたって、苛斂誅求《かれんちゅうきゅう》、すなわち農民に過酷な税金や賦役《ふえき》（タダ働き）を課し、奪い取る歴史であった。農民心理としては、できるだけ農地面積は過少報告しようとしてきたはずだ。

だが、二〇〇四年から、従来の「奪い取る農業」は「与える農業」に百八十度転換した。農民は農地面積に応じて税金が免除され、農産物の買い上げ価格が引き上げられるようになった。汽車下郷（農村に自動車を）、農機下郷（農村に農業機械を）、家電下郷（農村に家電製品を）、という農村近代化政策も打ち出されたことで、申告農地面積が拡大したと推測できる。

一方、工業用水と生活用水の需要は急増している。二〇〇〇年から二〇〇九年では、工業用水需要が一一三九億立方メートルから一三九一億立方メートルへ、生活用水は、五七五億立方メートルから七四八億立方メートルへと増加している。

中国では、工業化や都市化が進めば進むほど、工業部門や都市での水不足が顕在化すると同時に、農業部門ではより増幅されたかたちで水不足が発生する可能性が高くなる。

また、地域的に見ると、南部では年間平均降水量が一五〇〇ミリを超えているのに対し、北部の降水量は五〇〇ミリを下回っている。

一般的に、農業生産に必要な年間降水量は七〇〇ミリ前後とされ、食糧一トンを生産するのに必要な農業用水は一〇〇〇～二〇〇〇トンだとされる。中国の食糧基地が東北部であることを考えると、水資源分布の地域的な偏りは、食糧増産の大きな制約要因となりかねない。そのための対策も取られているのだが、そこにも問題は潜んでいる。この問題については、次章で詳しく紹介したい。

第二章　頻発する「水戦争」

食糧問題と水紛争の歴史

世界的に水が足りないという問題は、国際河川をめぐる水紛争というかたちで昔から表面化していた。大規模な灌漑などで河川の流量が減れば、水質悪化や流域農地での塩害につながる。このため最近では環境問題とも絡み、いっそうその激しさが増しているといってもいいだろう。

代表的なのは、中央アジアでのアラル海をめぐるカザフスタンやウズベキスタンなどの、水の過剰利用と配分をめぐる問題だ。

この地域では昔から、アラル海に流れ込むシルダリア（ダリアは「河」という意）川とアムダリア川という二つの大河川の水を、綿花や小麦栽培のため大規模な灌漑に使ってきた。その結果、アラル海への流入水量が激減し、今ではアラル海の面積が、かつての二分の一、水量にして四分の一にまで減ってしまっている。

イスラエルとパレスチナにも、ヨルダン川をめぐる長い抗争の歴史がある。ヨルダン川は、イスラエル、ヨルダン、レバノン、パレスチナ、シリアの五ヵ国を流れる中東の国際河川だ。

とくにイスラエルがゴラン高原を占領したことで、ヨルダン川の水源を押さえてしまい、下流のパレスチナに水が行き渡らなくなってしまった。それがイスラエルとパレスチナの根深い紛争の一因になっている。

近年の事例では、メコン川の水位低下の問題もある。原因は特定できないのだが、温暖化にともなう水不足、とりわけ上流の中国・雲南《うんなん》省で干魃が続いていることに起因すると見られる。一説によれば、中国が上流にダムを作ったことが原因で水量が少なくなってしまったのではないかともいわれている。

メコン川流域のメコン・デルタと呼ばれる地域は穀倉地帯であり、アジアだけでなく世界の食糧基地になりうる重要な場所。そこでの水不足や水位の低下は、将来の食糧問題に大きく関わってくる。下流ではベトナム、タイ、ラオス、カンボジアといった国々にも面しているため、経済的にも重要な場所だ。

またアフリカでは、ナイル川の上流と下流で、ダム建設と水の配分をめぐってスーダンとエジプトなどのあいだに、水紛争や水源にまつわる民族紛争にもつながるような問題が起きている。

これらの地域は、もともと乾燥地帯や人口密集地帯。紛争には、その根源に生活を脅かす水問題が絡んでいることが多いのである。

アラル海が直面した悲劇

世界各地で発生している水をめぐる地域間の問題について、いくつか具体的に紹介したい。まずは中央アジア、カザフスタンとウズベキスタンの国境に立地するアラル海の問題だ。

中央アジアでは、はるか昔からアムダリア川とシルダリア川が水の灌漑に使われてきた。アレキサンダー大王の時代から、この二つの大河川の水が使われ、それ以降も果樹園やブドウ畑、穀物畑が繁栄してきたのである。

一九世紀になると、この地をロシアが治めるようになった。ロシア皇帝は砂漠での綿花栽培に着目。ほぼ一年を通して夏の日差しが続き、大河川で水に恵まれたこの地は、アメリカに匹敵する量の綿花を生産できる可能性があったのだ。

やがてロシアがソビエト連邦になると、ボルシェビキ（ソビエト連邦共産党で「多数派」の意）が綿花栽培に着手。当時豊かなアメリカを象徴する綿花は、世界のあこがれでもあった。

スターリン政権下、この地域の農場はソ連政府が主導する集団農場となり、ソ連の織物工場で使用される綿花を栽培していく。農場に水を供給したのは、拡大を続ける灌漑用運河網だった。

このことで、かつては遊牧民や牧童、果樹園農家だったこの地の人々の多くは、綿花収穫に従事することになった。こうして一九八〇年代までには、アラル海近辺の農地の八五パーセントが綿花を栽培するようになった。

社会主義政権下で反論は許されず、「綿花は食べられない」と発言したウズベキスタンの首相は「ブルジョワ的国家主義」の罪で処分されたという。

ソ連の綿花農場は二つの河川から大量に取水。それでも降水量が充分にあり、灌漑に使われた水の多くが地中を流れて戻ったため、アラル海の水量が低下することはなかった。

しかし、一九六五年から一九八〇年にかけて、灌漑地域は倍以上に拡大。その結果、アラル海は塩分濃度の高い三つの小さな湖に分裂し、面積はかつての二分の一、水量で四分の一にまで減ってしまった。

生態系への影響も甚大で、アラル海に生息していた二四種の魚類のうち二〇種が絶滅し、流入河川の三角州に棲息する鳥類一七三種のうち一四五種が絶滅したといわれている。さらに同地では六万人の漁民が失職し、湖水の塩分濃度の高まりで飲料水が使用不能となり、農地での塩害も進むなど、地域住民へも多大な影響を与えることになった。

一九八八年、ソ連共産党中央委員会は綿花の生産を削減することでアラル海に注がれる水を増やしていくことを決定。だが、この救済策も充分ではなく、ソビエト最高会議がアラル海を災害地域に指定。それでも、ソ連が崩壊するまで、救済策はほとんど実行されることがなかった。

一九九四年にはアラル盆地の五ヵ国、トルクメニスタン、ウズベキスタン、カザフスタン、キルギスタン、タジキスタンが協定に調印。水の割り当て量が決められたのだが、それも実行はほとんどされなかった。

その後、二〇〇〇年代に北アラル海は水位が回復し、拡大。世界銀行からの融資を含め総額八六〇〇万ドルをかけてカザフスタン政府が建設したコカラル・ダムの効果と、農業用水路の改善によって灌漑効率が向上し、シルダリア川から注ぐ水の量が増えたためだ。

インドが抱える隣国との水問題

インダス川はパキスタンを縦断するように流れている。その水は作物栽培の大半に使われ、電力の半分を生み出している。だが、この水源となるカシミール地方は、同時に紛争の火種《ひだね》ともなってしまった。

インドとパキスタンは過去三度の武力紛争を行っているが、最初の紛争はインドがカシミールに介入し、インダス川の支流の水を絶とうとしたことがきっかけだった。

この最初の紛争から約一〇年間にわたって交渉が行われ、一九六〇年に世界銀行の仲介によって、両国でインダス川水利条約が結ばれた。インダス川の流れを分け合い、それぞれが三本の支流から取水することが定められたのである。

支流の一つ、カシミールを流れるチェナブ川はパキスタンのものとなった。パキスタンの穀倉地帯・パンジャブ州最大の水源である。

それでも、パキスタン側にはインドの脅威が消えることはなかった。実際、チェナブ川にはインドのダムが建設されている。

国境のすぐ先でダムが建設されていることに対し、パキスタンは条約違反を訴えた。だが、インド側は違反ではないと反論。このダムは水力発電のために使用されるので、タービンから水が川に戻るのだから問題ないとしている。

つまり、パキスタンは水を得られるのだというのがインド側の主張なのだが、両国の関係が再び危機に陥れば、水が不可欠な種まきの時期にインドが川の水をダムでせき止めてしまうかもしれないという不安がパキスタンにはある。こうした水をめぐる緊張関係を、インドとパキスタンは今も抱えているのだ。

しかもインドは、パキスタンだけでなく、バングラデシュとも水をめぐる問題を抱えている。

ガンジス川の全長は二五一〇キロ。そのうち三〇五キロはバングラデシュを流れている。三月から五月にかけて発生する渇水の度合いは、コメの栽培に大きくかかわる。バングラデシュはガンジス川の最下流に位置するため、上流に位置するインドの取水量に大きな影響を受けるのだ。

この、ガンジス川での水問題は、一九七一年のバングラデシュ独立から始まった。インドが一九七五年にバングラデシュとの国境の約二〇キロ上流にファラッカ堰《せき》を建設すると、問題は深刻化する。

ファラッカ堰は、ガンジス川の水を自国側に流すことで、カルカッタ港の土砂堆積《たいせき》を防ぎ、航路を維持するのが目的で作られたもの。だが、ファラッカ堰が存在することで、下流のバングラデシュでは乾季には水不足が起こり、雨季になると洪水の被害を招いてしまうのだ。そのことで、バングラデシュの農業は大打撃を受けることになった。

バングラデシュでは、一九八七年に国土の四分の一が冠水する大洪水が発生。被災者は一八〇〇万人以上にも及んだ。翌一九八八年の洪水では、国土の四分の三が冠水し、被災者は三五〇〇万人に。さらに一九九八年にも、同規模の洪水が発生している。

主な原因は、ヒマラヤの氷河から大量の出水が見られたことや、サイクロンによる異常な量の降雨だとされている。だが同時に、被害を増幅させたのは、ネパールやインドの耕作地

のための森林伐採による環境破壊や、出水期におけるファラッカ堰の莫大な放流だろうとも
いわれている。
一方で、乾季には堰の影響により、バングラデシュではガンジス川の水量が歩いて渡れるほどに減少。そのことで海水が地下水に浸入し、耕作地には塩害が生じてしまうことになる。

問題の根源となったファラッカ堰は、建設当初はインド・バングラデシュ両国間で暫定的な合意がなされていた。取水量、放水量が取り決められたのだ。

だが、この合意は数ヵ月後には切れてしまう。するとインドは一方的な取水を開始。一九七七年にガンジス川水利権配分のための協定が新たに締結されるまで、インドは自由に取水し続けた。だが、これは一九七五年の協定よりもバングラデシュが譲歩したもの。インドは、以前の協定よりも多く取水できることになったのである。

この協定は一九八四年まで執行され、一九九六年になると新たな協定が締結される。この協定では、バングラデシュはさらに譲歩することになった。それだけ、インドにとってファラッカ堰が重要であることの証明だともいえるだろう。

インドは、ガンジス川の水利配分においては上流、すなわち強国であり、それゆえに強引な協定の締結も可能になった。水資源の確保は、ことほどさように熾烈《しれつ》なものなのである。

アメリカの水汚染と水位低下

アメリカでは一九七〇年代から、いわゆる中西部穀倉地帯におけるオガララ帯水層の水位低下が指摘されている。中西部穀倉地帯は年間降水量が五〇〇ミリメートル以下の乾燥地域であるため、オガララ帯水層からセンターピボット方式でのスプリンクラーによる大規模灌漑が行われている。

しかしここは化石水源、気象条件や地層の構造により、新たな水の涵養が期待できない。にもかかわらず取水する一方であるため、地下水位の低下や井戸涸れも見られ、このままでは将来的に化石水が枯渇してしまうのではないかという問題があるのだ。

この化石水は着実に減っており、アメリカ地質調査所によれば、帯水層からの取水が拡大する以前から二〇〇〇年までのあいだに、二四二九億立方メートルの水量が減少し、平均水位が三・六メートル低下したという。

アメリカではこの問題を意識して、灌漑面積の縮小やローテーションにより休耕地を設けることなどに加え、以前よりも節水農業への取り組みが進んでいる。いわゆる点滴灌漑で、作物の根元にピンポイントで水を滴下する方法だ。

最近では精密農業といわれる、気象衛星を使って農地を観測し、水が足りない部分にだけ集中的に灌漑をするという節水の仕方も進んでいる。逆にいえば、それだけオガララ帯水層の枯渇の問題が深刻だということだ。

その原因は主に人口の増加と、過放牧や過剰生産による水の浪費が続いたことだ。アメリカでは、移民を含めると毎年三〇〇万人ずつ人口が増えている。それにともない、食料需要も拡大していった。

延長二三三三キロ、流域面積が六三万二〇〇〇平方キロメートルに達するコロラド川は、アメリカからメキシコにかけて流れ、カリフォルニア湾に注ぐ、アメリカで四番目に大きな川である。と同時に、世界でもっとも水利開発が進んだ川の一つでもある。

アメリカ国内の中流・下流部は巨大ダム貯水池で埋め尽くされている。コロラド、ワイオミング、ユタ、アリゾナ、カリフォルニアなど上流域の州とのあいだで水の配分問題が生じ、一九九二年にコロラド川協定が調印された。

しかし、大量の取水に干魃なども加わって、流量の低下は著しい。とりわけコロラド川の最下流に位置するメキシコとの国境に近いユマ地域は、流量低下による水質悪化が問題となっている。

また、乾燥砂漠地帯のため、安定した農業の実現には灌漑が不可欠だ。言い方を換えれば、日光には恵まれているため、水さえあれば大規模な農業を展開することが可能なのだ。

二〇世紀の初頭において、最大の問題は「いかにして充分な量の水を確保するか」だった。だが一九六〇年代、水量的に開発し尽くされる状況が見えてくると、量よりも質、すなわち実際に使用できる水の塩分濃度がテーマとなってきた。

大規模な灌漑によって地下水の塩分濃度が高まり、汽水化した地下水をコロラド川に放水した結果、メキシコに流入する水の塩分濃度が上昇しすぎてしまったのである。

そのことで、メキシコの農業は深刻な被害を受けることになった。一九六一年にはアメリカとメキシコの国際紛争に発展。一九七三年に、メキシコ側に流れ込む水の塩分濃度を低減する協定が結ばれている。

ドナウ川の環境問題とは何か

ヨーロッパでは、ドナウ川の開発が大きな焦点になってきた。

ドイツ南部のシュバルツバルトから黒海へと流れるドナウ川は、ドイツ、オーストリア、ハンガリー、クロアチアなど一〇の国と地域にまたがっている。そのため、ライン川と並ぶヨーロッパの大動脈として機能してきた。

そんなドナウ川で、スロバキアとハンガリーのダム建設が原因となって水環境問題が発生した。そして、両国の環境問題への意識の違い、政治制度の違いは、環境問題を国家間の紛争にまで発展させてしまうことになる。

きっかけは、スロバキアとハンガリーのあいだで水力発電と航路の改修、洪水対策のためのダム開発について協定を交わしたことだった。一九七〇年のことだ。上流のスロバキアはガブシコバ・ダム、下流のハンガリーはナジュマロシュ・ダムを建設。一九八三年から共同工事が始まったが、どうしても下流のハンガリーに不利なものになってしまった。

水力発電を稼動させると、ハンガリーの河川の沖積湿地帯の地下水位が低下してしまう。そのことが生態系に影響を与えるなど、環境問題の要因となった。

一方のスロバキアでは、下流のハンガリーよりも発電効率がいい。ハンガリーが使う水は、スロバキアが使ったあとの、いわば残り物になってしまうのだ。

そのため、ハンガリー政府はこの開発計画に乗り気ではなかったという。加えてハンガリーの環境保護NGOドナウ・サークルが政府にダム建設中止を要請。最終的には国民投票の要求も出ることになった。

結局ハンガリーは、一九八九年にナジュマロシュ・ダムの建設休止を発表、スロバキア政府にもキャンセルを申し入れている。

しかし、スロバキアはハンガリーの主張に反対し、条約の履行《りこう》を求めるように要求。代替プロジェクトを計画し、実施している。その結果、ダムはスロバキア川のみに建設された。

このダム建設のキャンセルをめぐる交渉は平行線をたどることになり、一九九二年にはハンガリーが問題の裁定を国際司法裁判所に要求することに。国際司法裁判所は両国に罰金の支払いを命じた。

裁判の際に提出された文書の内容は、両国で正反対のものだったという。環境保護を打ち出したハンガリーに対し、スロバキアは経済が第一。そのため、スロバキアは国際社会で非難されることになったのだが、これには事情もある。スロバキアは民主的な基盤を完成させるのが遅れたため、環境保護にまで意識が高まっていなかったのである。ダム建設で生計を立てる国民も少なくない以上、中止するわけにはいかなかったのだ。

つまり水問題は、その背景に国の体制そのものも絡んでくるのである。

なお、ハンガリーとドナウ川については、忘れられない記憶がある。二〇一〇年一〇月四日、同国の首都ブダペストから南西一六〇キロにあるアルミ精錬工場で事故が発生。筆者はたまたま、トルコのイスタンブールで一〇月三日に開催された丸紅《まるべに》主催の欧州化学品セミナーに出席していた。アジアを中心に世界中の丸紅化学品部隊の取引先が同地に集まって勉強会を開き、翌日ハンガリーのブダペストで開かれる欧州化学品商談会に備えようということであった。その矢先の事故だ。

現地のテレビニュースでは、精錬工場内の貯蔵施設から真っ赤な泥状の有害廃棄物が大量に流出、高さ四メートル近い泥の津波は周囲の街に溢れ出し、住民四人が死亡し六人が行方不明、一二〇人が負傷するという大惨事となった。

やがて、汚染水はドナウ川支流に到達し、生態系に甚大な影響を与えた。環境問題に敏感なハンガリーでの事故であっただけに印象深い。

農業七、工業二、生活一の割合

世界の水の利用状況を見てみると、およそ七：二：一の割合になっている。食糧生産や農業に七割が使われ、工業用水が二割、そして生活用水が一割という割合だ。この数値をベースに、経済が発展していくことで農業に使われる割合が減り、工業用水の需要が増えていくことになる。

工業化が進めば、次の段階は都市化だ。つまり都市生活用水として水が使われることになる。一人当たり水の使用量の伸びは、「都市生活用水―工業用水―農業用水」の順になる。日本の場合は農業用水のウェイトは六割ほど。アメリカでは四割に下がっている。

それに対し、新興国では七割、高いところでは八割が農業用水となる。農業の場合は広い農地に水をまくため、大半が蒸発してしまう。植物の葉の部分から蒸発する量も多い。実際に農作物に吸収される水の量はごく一部。だからこそ節水が重要となってくるのだ。

しかも、雨となって降ってくる水量の大半は、畑や田んぼからの蒸発というかたちで農業用水の消費からも差し引かれて、工業用水や生活用水にまわる水は限られたものになる。水は循環資源ともいわれ、地球全体の水の供給量が変わらないなかで、農業においては水が土壌から蒸発し、分散してしまうところに問題があるのだ。

こうしたなかで工業化と都市化が進んでくると、限られた水の七〜八割が食料生産に使われるという状態から、そのなかのかなりの部分が工業用水や都市生活用水に使われるようになる。付加価値面でどうしても優先されるのは後者だ。

たとえば、小麦一トン生産するために一一五〇トンの水が必要になる。コメの場合はその倍以上の二六五〇トンが必要だ。

一〇〇〇トン強の水を使って小麦一トンを作るべきか、あるいは半導体や家電、自動車などの工業製品を作ったほうがいいのか。工業製品のほうが何百倍も付加価値が高い。市場原理にまかせておくと、工業用水の需要が増えていくのは当然なのだ。

もちろん、農業には長い歴史がある。日本のように昔から水利権などの強い権利を持っているところもあり、簡単に移行するわけではない。それでも傾向としては、経済が発展すれば工業用水が増え、都市化が進めば生活用水が増えていく。

中国も最近の傾向では、人口の半分近くが都市部に居住している。ちなみに中国では、人口一〇万人以上を都市といい、全国で六六〇ほどある。このうち人口五〇万人以上の都市は約二八〇だ。

都市化はイコール核家族化であり、世帯数が増えてマンションなどの近代的な集合住宅に住むことになる。つまり水洗トイレや洗濯機などが普及するから、一気に都市生活用水が増えていくことになるのだ。

現在では、都市生活用水が農業用水よりも優先されているという。そのことで、食料を生産するための水が足りなくなるという現象が起きてしまう。

また、都市部の高級住宅ではトイレや風呂が複数ある場合も多い。当然、一世帯当たりの水の使用量は増えることになる。

農村でも、電化が急速に進んでいる。洗濯機やテレビが普及しているのだ。農村では、洗濯機は、衣類だけでなく、芋《いも》などを洗うためにも使われる。さらに都市化が進めば、衛生的な生活が実現するものの、水の使用量も増えるというわけだ。

食文化の変化も見逃せない。国や民族を問わず、初めはトウモロコシや雑穀、芋類など、色のついた穀物を食べる段階にいる。次には、コメや小麦など白いものを食べる「白色革命」の段階。さらにコメ、小麦に加えて肉や魚などの副食が増える段階。ここでは、芋はおやつに食べる程度になる。

さらに魚や肉の消費量が増えて、動物性たんぱく質の摂取量が増える。もちろん、食肉用の家畜を育てるためには穀物が必要だから、水の消費量も増える。植物を育てるのとは水の消費量が桁違《けたちが》いだから、食生活の変化によっても水の問題は加速することになるのだ。

なおコメと麦は、それぞれ粒の文化、粉の文化をともなっている。コメは粒で食べる（粒の文化）のが一般的だが、麦の場合は小麦粉にして、麵やパン、ギョーザの皮などのかたちで食べる（粉の文化）ことが多い。

かつての日本でも、食卓に上がるコメには麦が入っていたものだが、これは粒としての麦を、いわばコメの増量剤として加えたもの（麦めし）で、やはり日本は粒の文化だ。

中国の都市化と水問題

水問題は、基本的には、飲料水など生活用水の不足の問題から始まる。現在、世界の人口は七〇億人に達しようとしているが、そのうち約五億人が慢性的な水不足、二四億人以上が水ストレス下にあるといわれている。水ストレスとは、安全な水が足りないことから、さまざまなかたちで不便を強《し》いられている状態のことだ。

あるいは、汚染された水を使わなくてはならないという層も三〇億人近く存在する。つまり、世界人口の半分近くは、なんらかの水問題を抱えているということになる。

それらの国や地域が近代化していくと、食料生産をするための水に対して、工業用水と都市生活用水による争奪戦が始まることになる。産業間で水を奪い合うのだ。

これまでは、国際河川をめぐって、土地と水の地域間による奪い合いだった。それに加えて、これからは産業間の争奪戦も進む。そして水不足が進むと、新たに水質悪化の問題も出てくる。

産業間の水争奪戦は、やはり中国においてもっとも激しいものになるだろう。

二〇〇八年の北京オリンピックの際も、北京に送るダムの水を確保するため、農業が犠牲になっている。それまでは農業に使われていた水が、取水を制限されたことで、農家は新たに井戸を掘らなければならなくなった。

この地域では、すでに地下水の水位が毎年一メートルから一・五メートルずつ低くなっており、最終的には水涸れ状態になってしまうだろう。

一方で「鳥の巣」という愛称で知られるメインスタジアム（北京国家体育場）の周りでは、地面から水が噴水のように噴き出るという情景がテレビで放送された。都市を維持しようとすると、このようなことが起こってしまうのだ。

「黄河断流」という現象も、一九八〇年代の後半あたりから顕著になってきた。これは黄河の流れが河口まで届かずに干上がってしまう現象だ。それも、一年のなかで、干上がる日数と河口からの干上がる距離が長くなっているのだ。

一九九七年のピーク時には、河口から一〇〇〇キロメートルにわたって水が干上がってしまい、断流日数も二〇〇日を超えた。これは、上流で農業生産拡大のための灌漑用に大量に取水したことが影響している。

最近では取水制限によって断流も収まっているものの、これは見方を変えれば、農業よりも工業のための水が重要視されている、ということでもある。

また中国の水問題は、北部と南部で性格が違う。

北部は北京、河北、吉林《きつりん》、山東、黒竜江省などで、中国の食糧基地ととらえられている地域だ。ジャポニカ米やトウモロコシ、大豆などを生産している。しかしこの地域では、年間の降水量が五〇〇ミリを下回るほど少ない。一般に、農業に必要な年間降水量は七〇〇ミリといわれている。

南部は広東《カントン》、福建、湖南省などだが、こちらは年間降水量が一五〇〇ミリを超えている。この広東省の広州周辺は、中国でももっとも工業化が進んでおり、経済を引っ張る地域になっている。そこでは雨が六月から九月に集中することで洪水が発生。逆に一〇月から五月までは雨が少なく渇水となる。

川の水量が低下すれば、今度は水質悪化につながってしまう。一般に、工場で汚染された水が一リットル川に出ると、その八倍ほどの水が汚染されてしまう。つまり中国南部では、水不足の問題と同時に洪水の問題、さらに水質悪化の問題が絡み合って深刻化しているのだ。

省エネ・省資源は置き去りに

ますます工業化が進んでいくなかで、絶対的な水不足を解消するため、中国では以前から国内での水の調達を盛んに行っている。それが「南水北調プロジェクト」だ。

これは、一九四九年に中国共産党が中華人民共和国を建国したのち、毛沢東が一九五〇年代に主張したといわれている。長江の水を三本の運河（東ルート、中央ルート、西ルート）を建設して華北平原へ運ぶという壮大な計画だ。長江と黄河では流量にして一七対一ほどの差があるため、長江から水を調達するのである。

すでに長江流域の江都から天津《てんしん》までの東ルートが二〇〇七年に完成。距離にして約一一四〇キロメートル、高低差で四〇メートルを乗り越えて水を運ぶのだから、気の遠くなるようなプロジェクトだ。ただ、運ぶうちに水は蒸発してしまうし、また、汚染されているため都市生活用水に使うには処理が必要であるなど、課題も多い。

また、中央ルート（長江支流の漢江―鄭州《ていしゅう》―北京、送水距離一二四〇キロメートル）は二〇一〇年に完成予定となっていたが、まだ確認はできていない。最後の西ルート（長江源流にいくつか貯水池を設け、トンネルで黄河源流域に送水。計画は変更される可能性もある）は二〇一〇年以降、本格的な工事が始まることになっている。

このような状況を見ても、中国でまず大切なのは、基本的には節水だろう。節水を徹底するためには、技術面やハードのインフラ整備以上に、ソフトの制度の問題が重要になってくると思われる。

中国では水の料金が、上水道よりも中水（一度使って再処理した水）のほうが高く設定されている。本来であれば、飲料水から洗濯、トイレ、庭の撒水《さんすい》、洗車といったように、質のいいものから段階的に落としていって繰り返し使うことが必要だ。

だが中国では、上水道の値段のほうが中水より安いため、多段階的な利用がなされないのである。貴重であるにもかかわらず、値段の安い上水道の水が、庭の水撒きや洗車に使われてしまうという現状がある。

なぜ中水よりも上水道の水が安いのかといえば、上水道は生活の基盤となる公共サービスゆえ、生活コストを考えると安く設定せざるを得ないという状況があるからだ。しかし、安ければ当然、浪費されることになる。

今後、中国では環境に配慮し、水に限らず電気やガソリン、ガスなど安価な公共料金をいかに引き上げ、国民の省エネ、省資源、節水の意識を高めるかが重要な課題となってくるだろう。

私は以前、中国社会科学院日本研究所と一橋大学が主催した環境問題のシンポジウムに、パネリストとして参加したことがある。当時、日本では国民のあいだに節水や省エネの意識が染み込んでいると、うらやましがられたものだ。しかし、中国当局によると、中国ではそううまくはいかないのだという。

中国は、一九七八年の「改革・開放」以来約三〇年にわたって、年平均で一〇パーセント近い経済成長を続けてきた。それ自体は素晴らしいことなのだが、それは「多大な犠牲を払いながらの成長であった」、言い換えれば「環境を悪化させながら成長してきた」のである。これには、当局の関係者も反省を隠そうとしなかった。

資源の大量投資、大量生産、大量消費、大量廃棄を繰り返し、環境を悪化させながら、中国は経済成長を進めてきたのだ。それが三〇年も続くと、環境面から成長の限界が見えてくる。これまでの延長線上に未来図を描くことが不可能になってくるのだ。

なぜ中国が高い経済成長を続けてこられたのかといえば、それは水も含めて資源の値段が安かったからだ。しかし、あまりにも安すぎたがゆえに、人々の浪費も進んでしまったのである。

これからは、過去三〇年のように浪費を繰り返しながら経済成長をすることは不可能だ。水であれば、徐々にその値段を引き上げていくしかない。そうすることで国民の節水意識を高めるのだ。このことは、地球温暖化防止にもつながってくる。

一般に、CO_2の排出量は「人口」と「一人当たりのGDP（経済活動）」「GDPに対するエネルギー消費量」「エネルギー消費量に対するCO_2排出量」の掛け算によって決まる。したがってCO_2の排出量を減らすためには、それぞれの項目を小さくしていくこと、つまり一人当たりの活動を抑え、省エネ・省資源による産業構造の高度化が必要になるのだ。一方で、CO_2など温室効果ガスの発生を抑えるような、エネルギー供給体制を構築することも重要になってくる。

現在の中国経済は、三つの世紀が並走しているといわれている。沿海都市部の二一世紀、内陸部の一九世紀、その他の地域の二〇世紀だ。このように格差の膨大な国で平均を取ってもあまり意味はないが、あえて平均すると経済の発展段階は日本における一九七〇年代、オイルショック以前の段階にあるといっていいだろう。

逆にいえば、日本は中国が突き当たっている壁をすでにクリアしているということ。その部分で、日本は中国に貢献することができるし、それはビジネスチャンスにもなり得るのである。

実際、私自身も中国の行政担当者から、日本の協力を求められることが多い。「日本の技術と経験を中国に教えてほしい」といわれるのだ。第一〇次五ヵ年計画が出た二〇〇五年あたりから、中国では持続的成長、あるいは「環境に優しい」といった言葉が飛び交っていた。だが、それはあくまでお題目であり、言葉だけという雰囲気だったのである。

しかし、ここにきて現実問題として水不足や水質汚染、環境の問題が深刻化してくると、本気で考えられるようになってきた。上海政府や北京の中央政府の担当者と話をしても、相当に本気で取り組もうとしている熱意を感じるようになった。

そこで、日本の技術が役に立つことになるだろう。沿岸部の海水を淡水化する技術や、汚染水の再処理といった分野で、中国は日本の助けを必要としているのだ。

水管理が中国最大の課題

中国で水不足が問題になれば、メコン川の下流に位置するベトナムなど東南アジアの国々でも深刻な問題が起きることになる。そのため、今後は国際協調がますます重要になってくるだろう。

川の上流と下流での水資源の分配問題は、世代間での分配問題と似たような性質がある。たとえば、年金や国の負債の問題は、我々の世代と次世代の分配をどうするかということだ。時間の流れの上流にいる我々の世代が自分たちのために借金をしていくと、それが次世代の負担になってしまう。しかし、次世代にはそのことについて何ら発言権がない。

河川も同じことだ。上流で何か問題が起きても、下流には選択権がなく、流れてきた水を飲むしかない。まさに、されるがままという状態である。それが国際河川をめぐる問題の本質だ。こうなると、下流の国はいらだちを強めることになり、国際情勢が不安定となる原因になる。それが、時として紛争にまで発展してしまうのだ。

これは、まさに限られた資源の分配問題だから、基本的に市場メカニズムでは解決することができない。政策的選択の問題であり、国際協調により、開発や公平な利用について、その方法などを考えていく必要がある。

こうしたグローバルイシュー（世界的課題）については、以前であればG7《セブン》で話し合われていたのだが、最近は中国やインドを含めたG20《トゥエンティ》での調整になる。そのため国益や利害が対立し、うまくいかなくなっている。だからこそ、よりいっそうの国際協調が必要であるにもかかわらず、問題がなかなか解決されないというジレンマに陥っているのだ。

水資源の問題は、「水とダイヤモンドのパラドックス」ともいわれている。ダイヤモンドは、それがなくても生活に困るわけではないのだが、水は生活にとって一日たりとも欠かせない絶対必需品だ。にもかかわらず、水の値段は安く、ダイヤモンドは非常に高価だ。そういう矛盾《むじゅん》があるというわけである。

これは、簡単にいってしまえば、資源の希少性の違いだ。たとえば、石油や銅、レアメタルは枯渇性の資源であり、それゆえに希少性が高い。新たに生産されるというわけではなく、使われる一方なのだ。

中国やインドなど新興国が成長し世界経済の牽引役になってくると、これら枯渇性資源の希少性問題がクローズアップされ、値段も上がることになった。

そして次に問題となるのが、食糧だ。食糧（森林資源や水産資源も同様だが）は、消費をしても、太陽の光と水と農地があればいくらでも再生産可能な資源であり、一見すると無限に存在し、いくらでも取り続けることができるという印象があった。

だが、最近の傾向としては、水不足や農地制約が強まり、限られた水や農地をめぐり農業分野と工業分野の奪い合いが強まっていることを考えると、植物・生物資源自体も新たな希少性の問題を帯びているといわざるを得ない。

加えて、二一世紀に入ってからは、水だけでなくきれいな空気、平穏な気温、多様な生物など、これまで当たり前だと思われてきたものも新たな希少性の問題をはらみはじめている。

なかでも最大の問題は、やはり水問題だ。限られた水、そして地域に偏在する水資源をどう管理していくかが、これからの国際問題のなかでも最重要課題となるのではないか。水は絶対的な必需品だけに、利害が対立して極端な紛争に発展してしまうこともあるセンシティブな存在だ。しかし逆にいえば、今こそこの問題に積極的に取り組むチャンスでもある。

水は公共のもの（ヒューマンライト）だという考え方がある一方で、商品（ヒューマンニーズ）としてとらえる考え方もある。古くからの考え方では、水は自由に使えるもの、風土と歴史に根ざしたものだということになる。しかし、その結果として、水不足地域では汚染された水をいつまでも飲み続けることになってしまう可能性もある。

まして、世界では人口が増え続けている。中国でも、一人っ子政策が敷かれているとはいえ、四〇年で倍になるというスピードで人口が増えている。先進国の人口は増えないのだが、アジアやアフリカ、中東では爆発的な人口増加が見られる。

こうなると、放っておけば水の争奪戦が際限なく繰り広げられることになってしまう。そして結局は、人々が汚染された水を飲み続けなければならないということになるのだ。

この問題に、日本は技術面から貢献していくべきだろう。排出権取引制度（キャップ&トレード）など、ソフト（仕組み）はヨーロッパの得意分野だが、やはり技術的な分野では日本が秀《ひい》でている。水の希少性という問題を緩和させることで、日本は世界に貢献できるし、存在感を高めることもできるのだ。

狙われる日本の水源

アフリカなどでは、水にありつけない人々が水道管から水を盗んでしまうという話があるそうだ。アメリカにおいても、中西部で飲料メーカーが森林や水源を買ってしまい、結果として、その地域の地下水位が低下するという問題が起き、裁判沙汰になったことがあった。

日本でも、一時期、水源となる森林や雑木林《ぞうきばやし》が買われる動きが活発化したことがあった。しかも調べてみると、買っているのは中国や韓国の資本。「これは国益の問題だ」ということになり、慌てて取引をストップさせたそうだが、日本は水資源が豊富なだけに、外国からすればうらやむべき土地だということは間違いない。

なぜ雑木林を買うのかというと、単純に値段が安いからだろう。山形県など東北地方で聞いた話では、一町歩《ちょうぶ》（約一ヘクタール）で四〇万円もしないということだ。

土地買収にかかわる日本人エージェント（代理人）の背後にいる人々を手繰っていくと、中国や韓国資本が控えている。これはまさに日本の安全保障にとって由々《ゆゆ》しき問題だ。だが、日本はこれまで、水の問題にあまり関心を払ってこなかった。

この問題は、バーチャルウォーター（仮想水）やバーチャルランド（仮想土地）の問題ともつながってくる。

今まで、日本は毎年三〇〇〇万トン近い穀物を恒常的にアメリカなどから輸入してきた。国内ではコメを中心に約一〇〇〇万トンの穀物を生産しているから、供給量は合計四〇〇〇万トン。カロリーベースでの食料自給率は四割であるから、残りの六割を海外に依存することで需給バランスが保たれてきたことになる。

そこで忘れてはならないのは、穀物は食肉用の家畜の飼料として輸入されるものもあり、また穀物を育てるためには水が大量に使われているということだ。一トンの穀物を生産するのに平均すると約二〇〇〇トンの水が必要であるから、単純に計算すると、三〇〇〇万トンの穀物を輸入することは、約六〇〇億トンの水を穀物のかたちに換えて輸入していることになる。

日本の水の年間消費量は約八〇〇億トン（このうち農業用水は五七〇億トン）だから、それにほぼ匹敵するような大量の水を食糧のかたちで輸入していることになるのだ。つまり、日本が輸入穀物三〇〇〇万トンを国内で生産しようとすると、さらに六〇〇億トンの水が必要になるということ。しかしそうなると、日本ではたちまち水が足りなくなる。

民主党は食料自給率を五割に上げるという目標をマニフェストに掲げた。これにはもちろん賛成なのだが、そのためのネックになるのは水だろう。

生産調整のために、水田はどんどん少なくなっている。そうなると当然、水まわりのインフラも乏しいものになっていく。全国の水利管理のための予算は、民主党政権による事業仕分けにより、平成一五～一九年度の五ヵ年計画の年平均一兆四五〇〇億円から、平成二〇年度には九〇〇〇億円強へと、四割近く削られてしまった。これでは水利の整備は非常に困難だ。食料自給率五割はおぼつかないだろう。

また、高齢者の多い農家が急に生産を増やせるかといっても、おそらく不可能だ。また、増やそうとしても農業用水路の整備が追いつかない。

一方で、世界的に食糧の値段は上がっている。二〇〇八年に歴史的な高値をつけたため、二〇〇九年には大増産となって値段が下がったように見えたが、過去三〇年の平均的な値段と比べると、倍のレベルで高止まりしてしまったのだ。国際食料市場は決して落ち着いているわけではなく、高値かつ不安定な状況が続いている。

そんな状況のなかで水不足が深刻な問題として浮上すると、日本を取り巻く世界の食糧事情が、価格面、品質面、供給面と、どれをとってもますます不安定になってくる。これまで、日本では当たり前だったことが当たり前ではなくなってしまうのだ。安くて品質の高いものを市場から思うように調達できていたのに、それが脅かされる。

にもかかわらず、現在でも日本では、食料は過剰だという意識が根強い。これはコメなどが過剰だということだが、そういっていられるのは三〇〇〇万トンの輸入穀物がいつまでも安値で市場から調達できるという前提があるからだ。しかし、国際食料市場は不足の時代に入った。その背後には、中国など新興国での食料需要増加と、供給面にかかわる異常気象や水不足の問題があるのだ。

農業や食料自給を考える際、本来、水は切っても切れないものだ。だが日本では、水は有効に使われているとはいいがたい。田植えの時期にタイミングよく雨が降らないと、たちまち水不足、ひいてはコメ不足が表面化する。

こうした状況を直視せず、それどころか外国に水源となる土地を買われてしまうのは非常に危険だ。今後は、東京都が奥多摩などの山林を買収したように、行政が積極的に水源を守るべきだろう。

日本の山林は地権者が多く、権利関係が複雑になっており、誰が地権者か分からない状態にある。そのため誰に買われても分からない。行政主導で「平成版太閤検地」を実施し、外国資本に水源を奪われないようにしていく必要がある。

そのためにも、まずは政治家、企業、国民が危機感を共有しなければならない。

第三章 「水資源大国」日本の実力

日本の水資源使用率は二割

地球上の水資源を五〇〇ミリリットルのペットボトルだとすると、そのほとんどは海水であり、人間が使用できる水の量は、わずか目薬一滴分にすぎない。

そんな状況のなかで、日本の水事情がどうなっているのかを、この章では見ていきたい。

豊臣秀吉《とよとみひでよし》に仕え戦国最強の軍師として畏《おそ》れられた黒田官兵衛《くろだかんべえ》の有名な言葉に、「水五訓」というものがある。

一つ、自ら活動して他を動かしむるは水なり
一つ、障害にあい激しくその勢力を百倍し得るは水なり
一つ、常に己の進路を求めて止まざるは水なり
一つ、自ら潔《きよ》うして他の汚れを洗い清濁《せいだく》併《あわ》せ容《い》るるは水なり
一つ、洋々として大洋を充たし発しては蒸気となり雲となり雨となり雪と変じ露と化し凝っては玲瓏《れいろう》たる鏡となりえたるも其《そ》の性を失わざるは水なり

いかがだろう。日本では「水」の持つさまざまな性質をしっかりととらえ、「水」を「人」

に置き換え教訓としてきた。黒田官兵衛は号を「如水《じょすい》」（水のごとし）という。また、一橋大学の卒業生の会を「如水会」というのは、『礼記』の「君子の交わりは淡きこと水のごとし」に由来する。このように日本では、水はその性質によって親しまれ畏れられているのである。

一方、資源としての水はどうか。

「日本人は水と安全はタダだと考えている」

「湯水のように使う」

そんな表現が浸透しているほど、日本人は水をふんだんに、そして無意識に使ってきた。日本人にとって、水はどこにでもある、とくに貴重性を感じないものなのだ。

では、実際はどうなのだろうか。

国土交通省水資源部は、過去三〇年にわたる降水量と蒸発散量の調査から、日本人が水資源として最大限利用可能な水資源量を「水資源賦存《ふぞん》量」として示している。

これは、年間の降水量から蒸発散量を引いたものに国土面積を掛けることで求められる。

日本の年平均降水量は約一七〇〇ミリだ（世界平均は約八〇〇ミリ）。これが国土面積三八万平方キロメートルにあまねく降り注ぐ。年平均降水量を国土面積に掛けた数字が日本の年間降水量となる。

日本の年間降水量は約六五〇〇億立方メートルだが、このうち三五パーセント、二三〇〇億立方メートルは蒸発散してしまうため、残りの六五パーセント、すなわち四二〇〇億立方メートルが（理論上）最大限利用可能な水資源賦存量ということになる。

この数字は、決して少ないわけではないのだが、忘れてはいけないのは、日本は人口も多いということだ。国民一人当たりに換算すると、四二〇〇億立方メートルという水資源賦存量は豊かなものだとはいえない。

水資源賦存量を人口で割り、年間一人当たりの水資源量（ＡＷＲ＝Annual Water Resource）を見てみると、日本は三三〇〇立方メートル。これは世界平均である八六〇〇立方メートルの半分以下だ。

ＡＷＲがもっとも大きい国はカナダで、約九万一〇〇〇立方メートル。次いでニュージーランドとノルウェーが八万三〇〇〇、ブラジルが四万五〇〇〇、ロシアが三万二〇〇〇と続く。データの出所が異なるが、マギー・ブラックとジャネット・キングが著した『水の世界地図』によると、アメリカのＡＷＲは一万二三一立方メートルと日本に比べ多いが、中国は二一三八立方メートル、韓国は一四五八立方メートルと、日本より少ない。

こうして見ると、日本は必ずしも水に恵まれているとはいいがたいのだが、もう一つ考えなければならないことがある。

それは、日本は国内の水資源を有効に利用していないということだ。

日本で実際に使用されている水量は、二〇〇三年の取水量ベースで年間八五二億立方メートルである。水資源賦存量に対する水資源使用率は約二〇パーセントにすぎないのだ。

水資源使用率がこれほど低い理由の一つは、日本の地形が急峻《きゅうしゅん》だということにある。ヨーロッパの人間にいわせると、「日本の川は川ではない、あれは滝だ」そうである。それほど急峻なのだ。

加えて河川の延長距離も短く、降雨が梅雨期や台風の季節に集中するため、降雨量のうちかなりの部分が資源として利用されないままに海に流れてしまう。

だがこれは、決して悲しむべきことというばかりではない。

日本が水を余らせてきたのは事実だが、それは同時に「利用可能な水資源の潜在的な量」が豊富だということなのだ。現在五分の一しか利用されていない水資源賦存量をフルに活用することができれば、日本はたちまち世界トップクラスの「水資源大国」と化すのである。

資源価格が高騰する理由

ここで、少し話が逸《そ》れるようだが、資源価格という側面から日本の「実力」を考えてみたい。

二〇〇〇年代に入り、資源市場では需要の拡大が続いている。開発コストが切り上がったことで、単純に市場メカニズムが働かなくなってもいる。

一般に、原油や石炭、銅などの枯渇性資源の市場価格（ベンチマーク価格）は、次の三つの要素を反映して決定する。

「もっとも自然（生産）条件の厳しい鉱区での限界生産コスト」

「ロイヤルティー（資源所有に対する使用料）」

「住民対策や現状復帰義務など環境に配慮した環境コスト」

この三つの要素は、いずれも増大傾向にある。その実例として、オーストラリアの炭鉱の状況を紹介したい。

二〇〇七年六月、私はオーストラリアで二ヵ所の石炭鉱山と積出港を視察した。クイーンズランド州にある露天掘りのヘイルクリーク炭鉱と、ニューサウスウェールズ州にある坑内掘りのウェスト・ウォールセンド炭鉱だ。

世界の石炭生産量は、一九九〇年代から二〇〇二年まで三〇億トン台で推移してきたが、二〇〇三年には四〇億トンを超え、二〇〇六年には五二億トンに急増し、二〇〇八年には五八億トンとなり、六〇億トンに迫っている（IEA：Coal Information）。

二〇〇八年現在、生産量の二分の一弱が中国で、五分の一がアメリカ。この二つの国を合計すると、約七割と突出した割合だ。ただ、どちらの国も国内消費が大半で、輸出する余力は少ない。

一方、オーストラリアの石炭生産は年間三億〜三・二億トンで推移し、世界における生産シェアは五〜六パーセントにすぎないが、そのうち約八割が輸出用となっている。これは世界の石炭貿易量七・八億トンの約三分の一だ。オーストラリアの石炭が国際石炭市場に与える影響力は極めて大きい。

中国をはじめとする世界的な需要拡大にともなって、過去三〇年以上にわたって一トン当たり四〇ドル前後で推移してきた原料炭（鉄鋼生産の副原料であるコークス用）の国際価格も、二〇〇五年に一二五ドルという史上空前の高値をつけた。その後、原料炭価格は、リーマンショックを契機にいったん一〇〇ドルを切るものの、世界経済の回復にともない再び上昇に転じ、二〇一〇年には二〇〇ドルをつけている。

需要の拡大と同時に、コストを押し上げているのは、「コールチェーン」と呼ばれる石炭の輸送網において、さまざまなボトルネックが生じているためだ。

その一つが、生産部門における労働力の不足である。鉱山エンジニアの賃金は、年に一〇万オーストラリアドル（約七五〇万円）に達している。同時に鉱山労働者の高齢化も著しい。

第二のボトルネックは、鉄道輸送能力の限界である。私が視察した二つの州では、数多くの炭鉱と二ヵ所の積出港を結ぶ鉄道がともに単線であった。そのため、絶対的に輸送能力が不足しているのである。

また、「ミッシングリンク（失われた輸送網）」の問題もある。それぞれの炭鉱は、積出港の混雑具合に応じて、どちらか余裕のある港へ輸送先を切り替えることができれば効率的だ。だが、この二つの港は鉄道で結ばれていないのである。

三つ目は、石炭輸出港の能力不足、つまり船積みバースやハンドリング設備の不足などである。そのため沖合には八〇隻ほどが滞船している状況で、その期間は平均して四〇日を超える。その料金は一トン当たり月五ドルだという。

もう一つ、環境保全の面での制約が強まっていることも見逃せない。露天掘りの炭鉱には、州政府によって現状復帰義務が課せられている。鉱山会社は採炭後に土地を埋め戻し、植林を行って、元の状態に復帰させなければならないのだ。当然そのためのコストが価格に反映されなければならない（これを生産コストの内部化という）。

これらの要因が相互に結びつくことで、石炭の供給は大幅に上昇することになる。いったん上昇すれば歯車のように動き、元の価格には戻り難いのである。そして、こうしたことは石炭だけではない。あらゆる資源でコストが上昇し、価格に下方硬直性が表れたのだ。

資源価格高騰の原因は投機か

ここ数年の資源価格高騰は、投機マネーによる一過性の現象ではなく、上がるべくして上がる「均衡点価格の変化」の可能性が高い。背景には、新興国の経済成長にともなう累積的な資源需要の拡大がある。その結果、世界的な資源の枯渇問題と地球温暖化という「二つの危機」も進み出した。我々にできるのは、省エネ、省資源、環境関連技術の開発により、危機の進むスピードを緩和させることしかない。

一般に、一国の経済発展は国民の所得向上をもたらすと同時に、その国の生産方式、需要構造、貿易構造を変化させる。経済発展の初期においては農業国から工業国への転換が進み、工業化の過程では、鉄鋼、化学、電機、自動車などの生産が拡大し、都市化も加速する。やがて経済は成熟化し、サービス化・ソフト化が進む。これら発展段階のうち、もっとも成長率が高く、原油や金属などの資源需要を喚起させるのは、工業化・都市化が進む局面である。

二一世紀に入って、世界経済の牽引役は成熟化した先進国から、中国、インド、ブラジルなどの新興国に移った。世界経済における景気回復とパワーシフトの影響は、資源価格の上昇となって表れている。

原油および穀物価格は、一九六〇年代までの低位安定期、一九七〇年代の強い上昇期、一九八〇年代から一九九〇年代の安定期を経て、二〇〇〇年以降再び騰勢を強めている。金融危機による一時的な落ち込みはあったものの、二〇〇九年後半には再び上昇に転じ、過去三〇年にわたる均衡点価格が大きく上方にシフトする格好となっている。

原油や穀物に限らない。石炭、鉄鉱石、銅地金、レアメタル、コーヒー、砂糖、天然ゴムなども騰勢を強めている。

投機マネーによるマネーゲームの側面もある。しかし、本来、自由な市場でつけられる「価格」は、その背後にあるあらゆる情報を圧縮したもの。その「価格」が、過去の循環的な変化を逸脱するかたちで強い上昇基調を示し出したということは、背後にある経済構造の変化を反映した動きといえよう。

多くの発展途上国が本格的な工業化・都市化の段階に入ったことで、資源需要も急増するようになったのだ。

最大の牽引役は中国である。同国の二〇一〇年の自動車販売台数は一八〇〇万台に達し、アメリカの一一五〇万台を上回り世界最大となった。しかし、一〇〇〇人当たり保有台数は、アメリカの約八〇〇台、日本の約六〇〇台と比べて中国は五十数台と少ない。同国のモータリゼーションはまだほんの初期段階であり、これから本格化するのである。実際、中国の自動車メーカーは、生産能力を二〇一五年に四〇〇〇万台に拡大する計画だ。

世界の粗鋼生産は二〇一〇年に一四億トンを超えた。このうち中国は六億トン強で四五パーセントを占める。この一〇年間での世界の粗鋼生産増の大半は中国一国によるものであり、同国では毎年五〇〇〇万〜一億トンの能力が拡大したことになる。にもかかわらず、一人当たり年間の鉄鋼消費量は、韓国の約一二〇〇キロ、日本の約七〇〇キロに対して、中国は四〇〇キロに満たない。

需要面からの資源価格の押し上げ圧力は、少なくとも中国が成熟化するまでは続くことになろう。

この意味では、ここ数年の資源価格高騰は「過渡期」の現象といえる。しかし、人口一三億人の過渡期であるから、その期間も数年程度では済まず、資源価格の最終的な落ち着きどころも、中国が今後どのような経済発展経路をたどるかに依存する。すなわち、資源の大量生産―大量消費―大量廃棄といった粗放型の成長を続けるのか、あるいは資源の効率的な利用を徹底した環境配慮型の成長に向かうのかによって異なる。

中国は、エネルギー、鉱物資源、食糧などの資源大国であるが、人口で割ると成長に必要な一人当たり資源が足りない資源貧国でもある。今後、持続的成長を達成するためには、国内資源だけでは足りず、海外の資源を積極的に活用せざるを得ない。

この点、多くの資源価格の暴落を招いたリーマンショックは、中国にとって、権益を含めた資源確保の好機となった。

中国の新資源ナショナリズムとは

資源国による自国資源の囲い込みを資源ナショナリズムというならば、中国のように世界有数の資源保有国でありながら旺盛な国内需要を賄い切れず、海外資源の権益確保に動く姿は「新資源ナショナリズム」といえよう。

とくに、二〇〇八年に資源価格が歴史的高値をつけたことで、中国は本格的な国家資源戦略を打ち出すことになった。その柱は三つある。

第一は、国内外で供給量を確保すること。二〇一五年までに、国内において、石炭で埋蔵量二五〇年分、原油で二十数年分を新たに探鉱・開発する。海外ではアフリカ、中近東、中南米、豪州で、石油、天然ガス、鉄鉱石、銅鉱石、レアメタルなどの資源の権益を確保する。

第二は備蓄である。石炭やタングステン、レアアースなど国内で比較的豊富な資源は産地で備蓄し、石油、銅など不足する資源は輸入を拡大し、戦略備蓄を行う。中国は、既存の四ヵ所（鎮海、舟山、大連、黄島）の原油備蓄基地に加え、新たに八ヵ所を設けて、備蓄量を現在の二・六倍に増やす計画だ。食糧についても、地域ごとに分散していた備蓄施設を、国有シノグレイン（中国食糧備蓄管理総公司）に一本化させ、大連港を整備し、食糧の国家備蓄を厚くしている。

第三に、需要面で「二高一資」産業の高度化を図る。鉄鋼、非鉄、石炭、電力、石油化学、建材などエネルギー消費が「高く」、環境負荷が「高い」産業と、「資源」消費量の大きい産業を高度化することで、GDP当たりエネルギー消費量を削減する。

さらに中国は、発展途上国の代表としてアフリカ四二ヵ国に対して、コメ栽培、野菜栽培、淡水養殖、農業機械の訓練など、さまざまな支援を行っている。二〇〇六年には北京で「中国・アフリカ協力フォーラム」を開催し、アフリカ支援のための行動計画を打ち出した。(一) 中国・アフリカ間の貿易総額の拡大、(二) 中国企業約一六〇〇社のアフリカ進出による直接投資の拡大、(三) 一二〇〇件のプロジェクト実施やビジネス活動を支援するため二〇億ドルの融資、などである。

この一方、中国は、エチオピア、アンゴラ、アルジェリア、ボツワナ、コンゴ、ガーナなど四三ヵ国で、石油やレアメタル開発のため高速道路、発電、都市整備などのインフラ建設を進めている。アフリカ以外でも、オーストラリア（鉄鉱石、銅鉱石、ボーキサイト、ウラン）、チリ（銅鉱石）、ブラジル（鉄鉱石、アルミニウム）、アフガニスタン（銅鉱石）、イラン（原油、アルミニウム）、ベトナム（鉄、ボーキサイト）、モンゴル（銅鉱石、金）、ロシア（アルミニウム）など、中国の資源投資は広範囲にわたる。

これらの資源は、いまや世界の国々にとって戦略物資と化しているが、中国は海外の資源を押さえることにより、自国が保有する資源の戦略性をより高めることができると判断しているようだ。

世界的な資源争奪戦のなかで、日本は独自の資源戦略を急がなければならない。資源供給先の多角化や国家戦略備蓄はもとより、高い技術力を活かした代替《だいたい》材料の開発、資源リサイクルによる都市鉱山開発のシステム構築、オールジャパンによる一点突破の国家資源戦略の構築、さらに長期的には人材育成など、行うべき課題は多い。

また、限られた資源の争奪戦を回避し、地球温暖化など環境問題を深刻化させないためにも、日本企業の役割は、省エネ・省資源や太陽光エネルギー利用のための技術革新を加速させ、効率的な新興国の発展を促すことにあろう。そのための明確な挑戦は、企業にとってさまざまなイノベーションの機会が到来することであり、新しい市場、新しい産業を生み出すことになる。

この意味で、資源価格の均衡点変化は、二一世紀における新たな産業革命を誘引する動きであるといえよう。

バーチャルウォーター貿易の実態

話を水に戻そう。中国の資源戦略を語ると知らずボルテージが上がってしまう。ほかの資源と同じように、食糧も希少資源化し価格が高騰していることは、すでに述べてきた通りだ。そして食糧を輸出あるいは輸入することは、その背景にある水を輸出・輸入することにつながる。これが「バーチャルウォーター」である。

仮想水、あるいは間接水と訳されることもあるバーチャルウォーターは、一九九〇年代の前半から使われ始めた言葉だ。

最初に使ったのは、ロンドン大学・東洋アフリカ研究所のトニー・アラン教授だとされている。アラン教授は中東専門の地政学者で、「国土の大半が砂漠で、水が不足しているはずの中東諸国が深刻な水不足に陥らず、水をめぐる紛争や戦争が起きないのはなぜか」という疑問を抱いたという。

これに対する答えが、バーチャルウォーターという概念だったのである。

「乾燥地帯の中東は一見、水不足のように見えるが、実際には他国で大量の水を使って生産した農作物を輸入しているため、水資源が乏しくとも水不足には陥らない」

そう考えたのだ。

この考え方をもとにして、国連は主要農産物において、一キログラムを生産するために必要な水の量を算定している。小麦は一一五〇リットル、コメは二六五〇リットル、大豆は二三〇〇リットルという具合だ。そのほか穀物は平均で、一キロを生産するのに約二〇〇〇リットルを使用。牛肉の場合、一キロの生産に一五・九八トンもの水が必要となる。これは家畜の飲み水というよりもむしろ、餌となる穀物を育てるために大量の水が使われるためだ。

世界の穀物需給が逼迫《ひっぱく》し、主要な農産物生産国で水不足が進行しているなか、農産物の貿易はその重要度をさらに強めている。食糧の貿易が活発になるということは、農産物にかたちを変えた水の貿易が活発になるということでもある。

今後、農産物の貿易は、単に世界各国の食糧不足を補うだけではなく、水不足をも補うかたちで決定されることになるかもしれない。極端にいえば、食糧貿易は「水の貿易」であり、「作物の水分含有量」、つまりバーチャルウォーターの量で決まるということだ。その傾向は、すでに穀物貿易に表れはじめている。

日本では、東京大学生産技術研究所の沖大幹《おきたいかん》教授とその研究グループが、農産物の輸入についてバーチャルウォーターという視点を先駆的に取り入れている。

沖教授らは論文のなかで、主要な穀物を生産するために必要な水の量について、平均的な栽培期間や収量を想定したうえで算定。その結果は先述した国連の数字よりもかなり大きなものになった。トウモロコシや小麦で一キロ当たり約二〇〇〇リットル、大麦や大豆で二五〇〇〜二六〇〇リットル、コメの場合は三六〇〇リットルである。沖教授によると、欧米の農業は大規模経営であるため、単位面積当たりの収量が違う。そのことで数値の違いが出たということだ。

そして、二〇〇〇年度における日本のバーチャルウォーターの総輸入量を算定してみると、六四〇億立方メートルになった。日本国内における灌漑用水の年間使用量が五七〇億立方メートルだから、バーチャルウォーターの輸入のほうが上回っているのだ。

日本は水資源の総量では恵まれ、なおかつフル活用していないにもかかわらず、多くの水を輸入しているのである。

日本の河川管理の難しさ

では、日本がバーチャルウォーターに頼るのをやめ、本来は豊富な水資源をしっかりと活用するためには何が必要なのだろうか。

その一つは、河川の管理だ。だが、日本の河川は独特の難しさをはらんでいる。

ブラジルやオーストラリアなどを訪れたとき、現地を流れる川を見て、日本との違いを感じざるを得なかった。目の前の川をしばらく眺めていても、どちらの方向に流れているのか分からないのである。それだけ河川の勾配《こうばい》が緩やかで安定しているということだ。

若い頃に読んだ和辻哲郎《わつじてつろう》の『風土』には、有名な「ヨーロッパには雑草がない」という言葉とともに、ヨーロッパの洪水の話がある。

イタリア第一の大河であるポー川が、数十年来の洪水に見舞われたという新聞報道を見て、氏は現場に駆けつける。しかし、そこで目にしたのは、「堤防いっぱいになみなみと充たされている河水は、きわめてゆるやかな、流れるとも見えぬほどの速度で流れている。そうして堤防の高さの少しく低いところへ来ると、これもきわめて静かに、ちょうど湧き出る泉の水が岩の縁を越して音もなく流れ出るような静かさでもって、堤防を超えて畑の中へ流れ出ている」という光景。

「我々にとっての洪水は、奔騰《ほんとう》する濁流が堤防を突き破って耕作地に襲い入り荒れ回ることである」。ヨーロッパでは、数十年来の洪水といっても、日本の洪水のすさまじい感じがぜんぜん見られないのである。

対して、日本の川の流れは速い。水源から流れ出た雨水や地下水が河川に集まり、海に流れ込むまでの時間は河川の長さや勾配によっても違うが、平均一三日といわれている。

日本の河川は急勾配で短いため、降水量の三分の一がそのまま海に流れ込んでしまうことになる。地形的な要因に加え、六月の梅雨期、八月から九月にかけての台風シーズンなど、気象的な要因から水害もしばしば発生する。一方で、深刻な干魃の被害も歴史上、数多く見られる。

昔から、日本は水害と干魃に苦しめられてきた。河川の水量が年間を通じて安定しないこともその理由だ。

河川の流量の安定度を示す数字に「河況係数」というものがある。これは一年間の河川水量の「最小値」に対する「最大値」の比率を示したものだ。「河況係数」が大きいほど水量が安定せず、洪水を起こしやすいと同時に、渇水も起きやすくなる。

海外の河川では、この河況係数は極めて小さい。セーヌ川は三四、ナイル川が三〇、ライン川が一八、テムズ川が八、ドナウ川はわずか四である。北アフリカのナイル川も三〇である。

一方、日本の河況係数は文字通り桁外れだ。最後の清流といわれる四国高知県の四万十川《しまんとがわ》で八九二〇、つまり最大水量と最小水量の比率が八九二〇倍ということだ。筑後川《ちくごがわ》八六七一、黒部川《くろべがわ》五〇七五、石狩川《いしかりがわ》五七三、最上川《もがみがわ》四二三などなど。私の故郷である栃木県那須野が原を流れる蛇尾川《さびがわ》は、普段は水が流れていない水無川だが、降雨時には水が勢いよく流れる。河況係数は無限大といってもいいだろう。

河況係数が大きいということは水量の変化が激しいということであり、それは洪水を防ぐこと水を利用することの両立が難しいことを意味する。このため、日本では降った雨はできるだけ速やかに海に流れ出て欲しいという考え方が古くから定着した。

実際、高橋裕《たかはしひろし》氏の『都市と水』によると、明治以降、日本は河川に沿って堤防を築くことで洪水を防いできた。堤防によって洪水を押し込め、できるだけ早く海に流してしまおうという考え方だ。これでは、水を充分に利用することは難しい。

森林の帯水能力を回復すると

今後、日本は水に関してどのように取り組んでいくべきなのか。

日本は地形が急峻で河川の延長距離が短く、かつ降雨が梅雨期や台風の時期に集中するため、水資源のうちかなりの部分が利用されないままで海に流されてしまう。また河川も、降った雨を速やかに海に流すようにコンクリートの堤防を造るか、あるいは川底を掘り下げるなどの治水工事が施されてきた。そのことで、本章の最初に紹介したように、水資源賦存量の二〇パーセントしか使っていないという状況になってしまうのだ。

また、日本に限らず、森林の帯水能力は伐採や鉱山採掘によって破壊され続けている。単一栽培（モノカルチャー）農業や単一植林が生態系から水を吸い取ってもいる。さらに、化石燃料の消費の増大が大気汚染や異常気象を引き起こし、洪水や干魃、台風の原因になっている。

これらのことを考えれば、まずは大地に水をためる森林の帯水能力の価値を見直す必要があるだろう。

かつて、日本の森林は高い保水力を誇っていた。だが現在では、それが弱まってしまっている。なぜかといえば、森林に関する政策に不備があったためだ。

第二次世界大戦が終わると、日本は深刻な住宅難に陥った。そのため、住宅の建設が急務となり、材木として使用するために林種の転換が行われている。それまで広葉樹林や雑木林だったところを、材木に向いているスギやヒノキなどの針葉樹林に植え替えたのだ。その結果、現在の日本の森林の約四割は人工樹林になっている。

日本の国土は、その七割が森林だ。そのうち四割が鉛筆のような人工樹林になったのだから影響も大きい。

スギやヒノキは生長が速いというメリットがあるのだが、一方で人工樹林は木と木の間隔が狭く、間伐が適切に実行されなければ陽が射さなくなってしまう。森林では、六割以上、陽が射さないと、地面が真っ暗になり、その結果、下草が枯れることになる。そして、下草が消えれば、降雨により土壌浸食（エロージョン）が盛んになり、土壌自体が痩せてしまう。

これは水源を保護するうえでも由々しき事態である。土壌は、植物はもちろん農作物を育む、養分と水分の貯蔵庫なのだ。筑波大学名誉教授の熊崎実《くまざきみのる》氏によると、「森林が『水源涵養』ないし『保水』に役立つのは、森林土壌の団粒構造がよく発達していて、大小さまざまな孔隙《こうげき》が網の目のように張りめぐらされているから」なのだ。

しかも、植えられたスギやヒノキは完全に利用されることがなかった。住宅政策で植えたものだったにもかかわらず、一九六〇年代には資本の自由化が行われ、海外から木材がどんどん入ってきたのだ。値段の安い北洋材、南洋材、米材などが輸入され、国産の木材を駆逐していくことになる。

一方で人工樹林のスギやヒノキは、売れないから間伐もされず、そのまま捨て置かれる状況になった。その結果、いったん失われた土壌はもはや回復することはなくなった。

熊崎氏によると「深層風化状態の花崗岩《かこうがん》でも、一メートルの森林土壌をつくるのに二〇〇〇年を要するといわれ、その他の基岩では四〇〇〇〜五〇〇〇年と推定される」。一年当たりでは〇・二〜〇・五ミリのオーダーである。いったん失われた土壌を回復させるのは気の遠くなる話なのだ。

私が育った栃木と福島の県境の須賀川《すかがわ》地域では、昔から山持ちが多く、子供が生まれると木を植える風習があった。子供が育つのに合わせて木も育ち、やがてはそれを売って学資にするのである。ヒノキを切って箪笥《たんす》にし、それを嫁入り道具にするという文化もあった。だが、資本の自由化によって、そんな風習・文化も廃《すた》れてしまうことになった。木を育ててもお金にならないからである。昔の山持ちの資産家は、いまや相続税に追われ悲惨家になった、というのも真実味がある。

こうして、日本の森林からは保水力が失われることになった。水問題を考えるならば、今こそ日本の森林を、時間はかかるものの、かつてのような広葉樹林中心のものに戻していくべきだろう。そのことで、水の涵養が可能になる。そしてそれは、日本が本来の「水資源大国」としての実力を取り戻すことにつながる。

水源の涵養に欠かせない法整備

水源の涵養には、確かに時間がかかる。しかし、次の世代にツケを残さないためにも、我々はそこから目を離してはならない。

ただ、そのためには法整備も必要だ。山や森林の所有権は、現在でも曖昧《あいまい》なところが多いのである。

また、日本で土地を所有した場合、空中権にこそ厳しいものの、地下権が意識されることはなかった。つまり、この地区では何階建て以上のビルは建てられないという決まりはあるものの、土地はあくまで所有者のものだから、土地や地下をどのように使おうと周りは口出しできないという考え方が根づいていたわけだ。

しかし、その地下には水が湛《たた》えられている。現状では、自分の土地で井戸を掘り、そこからどれだけ取水しても問題はないのだが、仮にそこが水源であった場合は大ごとである。

まして、その土地が海外資本に買われたら大問題だ。

問題になっている中国や韓国資本による日本の森林の買収は、経済発展の勢いの差によるところが大きい。たとえば、中国のGDPは、二〇〇〇年の約一兆ドルから二〇一〇年には五兆八七八六億ドルと五・八倍になった。しかし、日本のGDPは一九九五年以降四九〇兆円から増えていない。急速に成長する中国に対し、日本は二〇年近くほとんど成長していないのである。

木材の値段も下がりっぱなしだから、森林の値段も安い。しかし中国国内では、不動産バブルが起きている。資本の規制も緩和されつつある。

従来、中国では外から入ってくる資本については歓迎する一方、資本が外に出ることは厳格に規制していた。だがバブルの到来によって、入ってくる資本を規制しながら、出ていく資本を緩めるようになった。いわゆる「走出去政策《ゾウチユウチユイ》」である。海外で資源の権益を買う、また会社を買収するといった流れが加速するなかで、日本の土地も買われているのだ。

緑に乏しい中国の人々から見れば、日本の山や農村は風光明媚《ふうこうめいび》であり、社会自体も落ち着いている。これから中国から一億人が海外に居を移すといわれている状況で、すぐ隣の日本は絶好のロケーションなのである。

そんな状況だからこそ、日本には防衛策が必要だ。行政が水源を守らなければいけない。

復興住宅には森林資源をフル活用

二〇一一年三月の大震災後、被災地では再生への歩みが始まった。ライフライン、幹線道路、新幹線、空港の復旧で、自動車、半導体など主要メーカーの生産力は急回復しつつある。政府は復興構想会議を立ち上げ、県や市町村からもさまざまな復興構想が示されるようになった。だが、具体的な道筋や将来像が見えてこなかった。

「生きる」「暮らす」「働く」場としての地域づくりを考えた場合、基本は国内資源をフル活用することであろう。まずは住宅の確保と農業の再生が急務である。

しかし、農林水産省の推計によると、津波で浸水した農地面積は二万四〇〇〇ヘクタールで、JR山手線の内側面積の約四倍に相当する。国営のダム、頭首工《とうしゅこう》（農業用水のための取水口や取水堰）、水路など、農業用施設の破損は二四一ヵ所。被害額は六八〇〇億円を超える。

農地は除塩も必要であり、単なる現状復帰では済まない。区画整理による農地集約化も併せた地域づくりが必要である。

加えて、福島第一原子力発電所の事故による電力不足や、土壌の放射能汚染という問題もある。被害農地に土壌浄化に有効なヒマワリや菜種を作付けし、バイオ燃料として利用するのも一つの方策であろう。公共施設や本格的な住宅建設に当たって国産材を使用すれば、全国の森林資源の復活にもつながる。

前述したように、日本の国土面積の七割は森林である。戦後の住宅難を解消するため国を挙げての大造林が行われた。天然林は伐採され、いまや四割がスギやヒノキなど成長スピードの速い人工林である。木の蓄積量（木材体積）は、二〇〇〇年の四〇億立方メートルから現在は五〇億立方メートル近い。立木換算で毎年一億立方メートルずつ太っている計算だ。

林野庁の統計によると、日本の二〇〇九年の木材需要量は、丸太換算で六五〇〇万立方メートル弱である。これを歩止まり六〇パーセントとして立木換算すると、約一億立方メートルに相当する。すなわち、国内の木材需要は国産材で賄える計算だ。

にもかかわらず国産材の生産量はこの一〇年間、一八〇〇万立方メートル程度に止まり、自給率も三割を切っている。価格面で外材に対抗できず、安い外材にとって代わられた格好だ。

しかし、ここにきて環境は一変した。海外材の輸入量が二〇〇〇年の約八二〇〇万立方メートルから、二〇〇九年では約四六〇〇万立方メートルに半減した。これは国内需要の落ち込みを上回る減少幅だ。背景には、中国、インド、東南アジア、中近東、ロシアなどの急成長にともなう世界的な木材需要の高まりがある。

一方、供給面では過伐採による森林資源の枯渇が懸念されるようになり、資源ナショナリズムの高揚から、木材の輸出を抑制する動きも強まった。中国では一九九八年の長江大洪水を契機に天然林の伐採を原則禁止し、代わって木材の輸入を自由化した。

近年、世界の資源・エネルギー、食糧市場で起こっている危機の構図が、木材市場でも生じるようになったのだ。

こうした環境変化を受けて、二〇一〇年から国産材の住宅向け需要が増え始めた。政府が二〇〇九年に打ち出した「森林・林業再生プラン」や、公共施設向けの木材使用量を拡大するための政策が追い風となっている。しかしすでに、高齢化や後継者不足で、日本の林業の再生は難しい。皮肉なことに製材品の原料となる丸太の伐採量は減少し、国産材丸太の品薄感も出ている。

東日本大震災からの復興と連動させた第一次産業の抜本的見直しが早急に必要だ。

ではない。

過剰を前提にした食糧政策の終焉

世界的な食糧需給の逼迫を考慮した場合、日本は、耕作放棄や生産調整を行っている場合ではない。

いまや日本が「高い値段を払えば食料はいくらでも市場で手に入る」と考えていた時代は終わったといえよう。もはや世界を頼りにすることはできない。

いまこそ耕作放棄地や生産調整地での飼料用米の生産をはじめ、農業技術、環境対応、人材など、あらゆる資源を総動員して、国内食糧生産の拡大均衡、食料自給率の向上を目指し、来たる食糧危機に備える時が来ているといえよう。

こうしたなか、環太平洋経済連携協定（TPP）をめぐって世論が二分している。TPPはすべての関税撤廃を目的とした自由化レベルの高い協定である。その影響について、経済産業省と農林水産省は対照的な試算を発表している。

経済産業省は、不参加の場合には自動車などの輸出が減少し、実質GDP一〇・五兆円のマイナス効果が生じ、八一万人の雇用が失われるとみる。

農林水産省は、参加をすれば農産物生産額は四・一兆円減少し、実質GDPを七・九兆円押し下げると見る。食料自給率も一四パーセントに低下する。日本農業が壊滅するシナリオである。

政府は関係国との協議を開始する一方、その前提として農業構造改革推進本部を新設し、二〇一一年六月をめどに農業改革を検討する方針であったが、東日本大震災もあり、決定は先送りされた。

確かに、参加した場合の農業への影響は計り知れない。しかし、農業が抱えた問題は三〇年も以前から指摘されている。一九八二年に農政審議会（当時）が作成した『「八〇年代の農政の基本方向」の推進について』、および全国農業協同組合中央会（ＪＡ全中）の『日本農業の展望と農協の農業振興方策』である。

いずれも食糧安全保障と自給強化を政策目標に掲げ、耕地面積を温存しつつ、農家戸数の減少を中核農家の規模拡大によるコスト低下に結びつけようという趣旨であった。

この背景には、農業者の高齢化やアメリカからの農産物自由化圧力の高まりに加え、高まる食糧の安全保障問題に対して、アメリカの禁輸措置にも耐えられる国内農業を持っていることの重要性に対する共通認識があった。

解決には、エサ米を含む水田のフル活用に活路を拓《ひら》き、コメの輸出、超多収の品種の育成、超省力の栽培法の導入を図るべきと指摘。その際、食糧の供給能力を保持するには、耕地さえあればいいというものではなく、優秀な農業者の育成、水資源や森林資源など食糧の生産力と緊密不可分に結びついている地域資源が、まるごと保全されていなければならないことを謳っている。

その後、農業関係者のあいだでは、これら事実認識だけが共有されてきたものの、何ら明確な農業の将来ビジョンが提示されぬまま、耕地の改廃と高齢化のみ進んでしまった。この延長線上に何があるか。閉じた世界のなかでは、コメを中心とする土地利用型農業の突然死しか見えてこない。

政府は農業対策として、これまでどおり、農家への戸別所得補償や農林漁業が加工・流通・販売にも進出する「六次産業化」、農業への企業参加規制緩和などを進めると見られるが、恐らく抜本的な解決にはなるまい。日本の農業をどう国民経済のなかで位置づけるのか、明確な将来ビジョンが示されていないためである。

これまで日本の農業においては、過剰と不足が混在していることが問題を複雑化してきた。コメの過剰の一方で、トウモロコシ、小麦、大豆などの穀物が不足し、毎年約三〇〇〇万トンを恒常的に輸入せざるを得ないという問題である。

「食料・農業・農村基本法」は、国民に「良質な食料が合理的な価格で安定的に供給され」ることを主要目標として掲げ、そのための手段として国内の農業生産の増大を基本に、輸入と備蓄を適切に組み合わせるとしている。しかし、穀物についてはコメの生産力が減少し、備蓄も民主党政権の事業仕分けにより、経済合理性に照らした規模縮小を勧告された。

また、今後も日本の穀物輸入は順調に行えるのだろうか。

海外に目を転じれば、食糧需給は一段と逼迫傾向にある。ロシアは、干魃により二〇一〇年一二月末までとしていた小麦などの禁輸を、二〇一一年六月末まで延長した。ウクライナも新たに二〇一一年末まで穀物の輸出規制を発表した。食糧輸入国にとって、お金さえ出せば必要な食糧はいくらでも手に入る時代は終わったのだ。

TPPへの参加をバネとした抜本的な農業改革を、原点に返って検討すべき時である。

地域コミュニティを壊した政策

世界的に食糧不足が懸念されているなかで、輸入に頼っている現状はいかにも心もとないものだといわざるを得ない。

日本には「コメは余っているもの」という大前提がある。コメが「過剰」だといっていられるのは、毎年三〇〇〇万トン近い穀物を恒常的に輸入しているからである。これは「不足」なのだ。

日本の農業・食糧事情は、「過剰」と「不足」が併存しているのが特徴だ。しかし、世界の食料需給は長期的にも逼迫傾向が予想されるのである。いつまでも「過剰」を前提の農政は続けることはできまい。

コメの生産調整（減反《げんたん》）や作付け放棄が行われ、水（農業用水）も調整された分しか回らないから、水路も荒れ放題になってしまう。そんな状況で、いざ食糧の輸入が危機に瀕したとき、果たして日本はすぐにコメを作る能力を最大限まで取り戻すことができるだろうか。大いに疑問である。

冷夏だった一九九三年のコメ不足の際には、政府から商社に二六〇万トンのコメを輸入する要請がかかった。しかし、いかにしたたかな商社でも、普段からある程度のコメを輸入し、輸出国のタイやアメリカで、情報はもちろん、輸出のキーパーソンを握っていなければ、イレギュラーな事態には対応しきれない。適切なルートが見出せなかったのである。その結果、情報がはっきりしていないために、手当たり次第に買ってしまうことになったのだ。

そのため、アジアのコメの値段を吊り上げてしまい、日本は世界中から顰蹙《ひんしゅく》を買うことになったのだ。

世界の水不足、食糧不足を考えると、日本は農地と農業の生産能力をフルに活用しなければならない。

農地や用水路は、いってみれば家と同じである。人が住まなければ、つまり使わなければ荒れてしまう。フル活用してはじめて、農業の多面的機能、すなわち水源の涵養や自然の景観維持、あるいは地域コミュニティの結束など、多面的な機能が保全されるのである。

今までは、それとは逆のことが行われていた。自由化すると農業が立ち行かなくなり、景観が荒れ、コミュニティが壊れるといった主張がなされ、いわば自由化を防ぐための方便として多面的機能が主張されてきた。

その一方で、耕作放棄や農地の改廃が進み、森林の荒廃、農業者の高齢化、地域コミュニティの崩壊などが進行してしまった。本当に多面的機能を保全したいのであれば、生産調整や作付け放棄などあっていいはずがない。

豊富な水資源の二〇パーセントしか使わず、農地を遊ばせ、新規の農業の人材育成もなされていない。森林も荒れ放題。そんな状況で、毎年三〇〇〇万トンの穀物を輸入しているというのが日本の現状だ。

穀物輸入の背後には、六〇〇億トンの水、すなわちバーチャルウォーターがある。そしてこれは、農地に換算すると一二〇〇万ヘクタールにもおよぶ。世界中が水、食糧、土地を分け合わなければいけない時代が迫っているのに、これほどの無駄遣いはない。

「生産調整は、現実にコメが余っているから行われているのだ。今の日本が農地をフル活用してコメの生産量を上げても、それこそ無駄ではないのか」

そう考える方も多いことだろう。

確かに、傾向としてコメは余っている。一九六〇年代の日本では、年間一人当たり約一二〇キロのコメを食べていた。だが今では六〇キロ以下と半減。パンもあればパスタもあるといったように、食の選択肢が広がったためである。

しかし、繰り返すが、その背景に三〇〇〇万トンという巨大な輸入穀物があることを忘れてはいけない。

やはり大事になるのは、コメを余らせないことだ。だが、コメは基本的に「粒」での使用が中心となる。一方の麦は「粉」の文化だ。パンやうどん、パスタなどさまざまなかたちに加工される。

最近では、農水省が盛んにコメの需要を開拓しようとしている。三洋電機は、コメをつかってパンをつくる「GOPAN（ゴパン）」という製品をヒットさせた。

米粉を使った食品も増えてきている。だが、その需要は一万トンほどでしかない。粉としてみた場合、麦のほうが安価なのである。

農地のフル活用でコメの輸出国へ

日本のコメをめぐる状況を変えていくことは、決して簡単なことではない。

日本の水田は全国で二五〇万ヘクタールある。そのうち、生産調整されている水田が四割にも上っているのだ。つまり、一〇〇万ヘクタールの水田でコメがつくられていないのである。

一九六〇年代くらいまでは、日本の農地は六〇〇万ヘクタール、水田も三〇〇万ヘクタールあった。つまり半減している。そんな状態から、急に「コメをフルに生産しよう」といっても難しいだろう。

しかし、それができなければ、食糧不足の問題が出てくる。過剰を前提とした農政から、不足を前提としたものに変えなければならないのは必然だ。

では、農地をフル活用し、コメの生産が増えたとして、そのコメをどう使うべきなのか。その活路は、輸出にあると私は見ている。

実際、先端的な地域ではコメの輸出が行われている。代表的な例が秋田県だ。秋田では、東京二三区と同等の広さを持つ平野があり、日本最大のコメの生産エリアとなっている。

この地では、かつて一八万トンのコメの生産があったが、今は八万トンに減少している。しかもここは単作地帯で、基本的にコメしかできない。冬には大雪が降るため、四月から一一月くらいまでしか田が稼動しないのである。そういうなかで、必死に新規需要を開拓しようと試み、輸出へと至ったのだ。

この地のＪＡは、香港、台湾、ヨーロッパなどにコメを輸出。もっとも輸出量が多いのは、意外にも穀物大国のオーストラリアとアメリカだ。日本にとっては輸入元と考えられているが、逆にコメは日本から輸出しているのである。

それを可能にしたのが、日本のコメのクオリティの高さだ。いや、コメに限らず野菜もだが、日本の農産物は安全だという信頼がある。それに加えて、「あきたこまち」などのブランドも浸透。日本ブランド、地域や品種のブランド、さらに無洗米にするなどの加工や包装などで、日本のコメはトリプル・ブランドの魅力を持つことになった。

日本のコメや野菜を買う外国人のなかには、「ソニーやトヨタと同じ国でつくっているのだから、高品質に違いない」という人もいるそうだ。技術大国日本は、農産物の輸出においても、すでに優位性を持っているといっていいだろう。

ましてや、日本の消費者は品質に対して世界一厳しいともいわれている。つまり商品を鍛えてくれるのだ。そのことが、輸出する際には強みとして活きてくるのである。

コメの輸出先としてアメリカとオーストラリアを挙げたが、やはり「本命」として狙うべき市場は中国にほかならない。

中国には、ジャポニカ米だけで三〇〇〇万トンを超える市場がある。中間層、富裕層が増えているから、多少は値段が高くても、日本のハイクオリティなコメを買う力はある。三〇〇〇万トンの市場に一〇万トンから二〇万トンのコメを輸出できれば、日本の農業は間違いなく活性化する。

期待されるコメ先物市場への上場

コメ先物取引の試験上場が認可された。

東京穀物商品取引所（東穀取）と関西商品取引所は二〇一一年三月、農林水産省にコメ先物の試験上場を申請していた。これを受けて農水省は七月、認可を決定した。実に七二年ぶりのことだ。

ちなみに、コメの先物取引は、一七三〇年に大坂・堂島米会所の取引を、江戸幕府が世界で初めて公認したのが起源である。以来、二〇〇年以上にわたり延々と続いたコメの先物取引は、昭和に入り戦時色が強まるなかで一九三九年に廃止された。食糧管理法が制定され、国によるコメの全面統制が敷かれるようになったためだ。戦後も、食糧管理法の下で先物取引が認められない時代が続いた。

しかし、一九九〇年代に入るとコメを取り巻く環境が変わっていく。一九九五年には食糧管理法が廃止され、新・食糧法が制定されると、コメの流通は縦・横・ナナメにすべて自由化された。

とはいえ、コメの価格は、一九九〇年に作られた全国米穀取引・価格形成センターで指標価格が決められていた。しかし、この価格は、農協主導の価格で、「右手と左手が握手する」といわれたように、市場メカニズムからは程遠いものであった。

こうしたなかで、東穀取は二〇〇五年にも試験上場を申請した。しかし、このときはＪＡ全中などの反対で潰された経緯がある。コメの生産調整を行っている状況で上場したならば、生産調整が守られなくなるというのが、表向きの理由であった。

しかしＪＡ全中の本音は、自分たちの与《あずか》り知らぬところでコメの価格が決まるのを嫌ったのであろう。

では、二〇一一年の上場申請では、二〇〇五年と何が変わったのか。

第一に、国内のコメ流通が一段と自由化したことである。特に、民主党政権が誕生し、農家の戸別所得補償制度が導入され、その一方でコメの価格は市場メカニズムに委ねるという農業政策の転換が起こった。つまり、価格が下がっても所得補償があれば問題はないという考えになった。

これにともない、価格形成センターの機能は低下し、落札数が激減して、ついに二〇一一年三月末に解散となったのである。

筆者は、二〇〇〇年代中頃に、全国コメ集荷業者の大会に呼ばれたことがある。かつて旧食管法時代には「ヤミ米屋」といわれていた業者たちだ。いまや旧食管法は廃止され、彼らは表舞台に登場した。

当時、国内のコメ流通量八〇〇万トンのうち、農協の取り扱いは三〇〇万トンで、八分の三にすぎなかった。コメ価格の形成も農協主導で決められるのではなく、自分たちにこそ価格決定権があるはずだ、と意気軒高であったことを思い出す。

第二に、この結果、農業者や流通業者に価格変動リスクをヘッジするニーズが生じてきたことである。また、現在コメの価格は一物一価どころか百物百価の状態で、何が公正価格か分からない状態にある。

こうしたなかで、先物市場は、（一）公正価格（指標価格）の提示（プライス・ディスカバリー）、（二）リスクヘッジ（見方を変えればスペキュレーション）の、二つの機能を提供するものである。

もっとも、二〇一一年の上場はあくまでも試験上場であり、期間限定で市場機能や影響を検証するための制度、必ずしも本上場される保証はない。ＪＡ全中は、二〇〇五年度に不許可となった状況と変わらないとして反対を表明している。世界的な穀物高騰に加え、東日本大震災で一部産地が被害を受けたのを踏まえ、先物導入で「主食の価格乱高下を招きかねない」との意見である。

ただ、本上場に至る最大の課題は、当業者（生産者、集荷業者、卸売業者、外食・中食業者、量販店、小売店など）の参加である。当業者が参加しなければ、投機の場となってしまうためだ。どれだけの当業者が参加し、どれほどの取引量となり、その結果、市場の流動性が十分に確保できるかである。

二〇一一年六月一日現在の報告によれば、東穀取での参加意向六四社のうち、流通業者、先物取引業者が半分半分、大阪は、五六社のうち、流通業者や卸売業者が四〇社と割合が大きい。市場の厚みをつくるためには、生産者の参加を期待したいところだ。

コメ上場は、低迷する日本の先物市場の活性化につながることも期待される。中国などに先駆けて、日本のコメ先物を、アジア市場はじめ世界市場での指標にできる可能性もある。

第四章　水ビジネスの実態と可能性

水問題への世界的取り組みとは

ここまで紹介してきたように、世界では水不足と、そこからつながった食糧問題、エネルギー・資源問題、気候変動、さらには水をめぐる国際紛争が深刻になっている。「好敵手」「競争相手」を意味するrival（ライバル）という英語の語源は、ラテン語のrivalis、すなわち「他の人と共同で川を使う人」だという。それだけ、水をめぐっては長い対立の歴史が存在するということだ。

では、そもそも人間は普段の生活でどのくらいの水を使っているのだろうか。

世界平均で見ると、一人一日当たりの生活用水使用量は、約一七〇リットル、最低でも五〇リットルが必要とされている。だが、水の使用量は国によって大きく異なるというのが実情だ。アメリカでは約五〇〇リットル、日本だと約二三〇リットル、中国やタイでは約五〇リットルである。

そんなに多いのか、と思われる方も多いかもしれないが、もちろん人間が一日に飲む水の量は二〜三リットルほどでしかない。しかし、水不足の問題は、飲み水ばかりの話ではないのだ。

先進国では炊事や風呂、洗濯、水洗トイレなど、さまざまなところで生活用水が必要だ。

その量は飲料水の数十倍、場合によっては数百倍に達するのである。その一方で、開発途上国には、最低限の飲み水すら不足している人々も数多く存在する。

こうした水の問題に関して、二〇〇〇年以降は国際的な取り組みが本格化している。

その皮切りとなったのが、二〇〇〇年の国連ミレニアム・サミットだ。ここでは、世界のさまざまな水と衛生の問題に関して、二〇一五年に向けた「ミレニアム開発目標」が掲げられている。その中で水に関するものは、以下の七つだ。

「一日一ドル未満で生活する人の割合を半減する」
「飢餓に苦しむ人の割合を半減する」
「安全な飲料水を得る機会のない人の割合を半減する」
「すべての児童が、男女の区別なく初等教育課程を確実に修了できるようにする」
「妊産婦死亡率を四分の一に削減、五歳未満児死亡率を三分の一に削減する」
「ＨＩＶ／エイズ、マラリア、その他の主要疾患の蔓延《まんえん》を食い止める」
「ＨＩＶ／エイズ孤児に対する特別支援を行う」

このように、水は貧困や教育、ＨＩＶなどと並んで、世界の主要な課題となっており、解決が急務とみなされているのだ。
また、この「安全な飲料水を得る」という目標を達成するため、二〇〇〇年三月のハーグ閣僚宣言では、行動の根拠となる、以下一一の課題が採択された。

「基本的なニーズの充足……安全で十分な上下水道設備」
「食糧供給の確保……特に無防備な貧困層に対し、水利用効率の改善による実現」
「生態系の保護……持続可能な水資源管理を通じた保全の確保」
「水資源の分配……持続可能な流域管理のような取組みを通してさまざまな利用目的間および関係国間の平和的な連携の推進」
「リスク管理……水に関するさまざまなリスクに対する安全の確保」
「水の価値評価……水の持つさまざまな価値（経済・社会・環境・文化）を考慮した管理ならびに無防備な貧困層の需要および公平性を考慮しつつ供給費用を回収するための水の価格化の推進」
「賢明な水管理……一般の人々とすべての利害関係者の参加」
「水と工業……水質およびほかの利用者の需要を考慮した、クリーンな工業の促進」
「水とエネルギー……増加するエネルギー需要に対応するため、エネルギー生産における水の主要な役割の評価」
「知識ベースの確立……水に関する知識をさらに一般的に利用できるようにすること」
「水と都市……加速度的に都市化が進む世界の特徴的な課題の認識」

水は商品か公共財か

これらの課題のうち、とくに注目したいのが、「水の価値評価」だ。この課題の背後には、利用者負担の政策の必要性を訴える姿勢が見え隠れする。これは畢竟《ひっきょう》、水は商品か公共財かという議論である。

欧米において水道料金には、国ごとにかなりの差がある。もっとも高いのがドイツで、その料金はもっとも安いカナダの五倍。ドイツとカナダという先進国のあいだでも、これだけの差があるのだ。

二〇〇五年の段階での一トン当たりの水道料金は、ドイツが一・九一ドル、イギリスが一・一八ドル、アメリカ〇・五一ドル、カナダ〇・四〇ドルである。日本は地域によって異なるが、東京都の場合は使用量に応じて二〇〇円から四〇〇円（一ドル八〇円とすれば、二・五〜五ドル）ほどとなっている。

北米やヨーロッパの水道料金は、それを供給するための設備も含め、費用を完全に回収できる価格として設定されることが多い（これを後述するようにフルコスト・プライシングという）。つまり、水を商品の一つとして扱っているということだ。

だが低所得国はそうではない。水の供給と灌漑用水、いずれの場合も、運転経費のみに基づいて設定されていることが多いのだ。水の使用は歴史風土のなかで昔から慣習的に行われてきたもので、その安定した供給は国家としての務めであるという考え方がそのベースにある。

加えて、途上国では農産物の市場価格が低いため、水の料金も安くせざるを得ない。作物によっても価格の差があるから、場合によっては上水道や灌漑用水道の費用が回収できないという事情もあるのだ。

たとえば、インドではコメや小麦の市場価格は安い。安いから農家の収入が低い。収入が低いから農業灌漑用に地下水を汲み上げる際に制限はなく、電動ポンプの電気料金もタダだ。このため必要以上に地下水が汲み上げられて水位低下が止まらないといった事態にある。

水を商品化する巨大企業の実像

世界中で水をめぐる問題が加速度的に深刻化すると、国連などの国際機関による本格的な水問題への取り組みが進むようになった。

それと同時に急速に拡大しているのは、水関連のビジネスである。とりわけ欧米では、官民一体となった水ビジネスという潮流が起こった。

水関連ビジネスは、以下のように分類することができる。


治水……ダムや貯水池の建設・管理／運河、水路、パイプラインの施設／利用可能な水源を増やす海水淡水化事業・プラント建設・管理、再生水の利用など。

利水……上水道の建設・管理／飲料水、ペットボトル入りのミネラルウォーター、超純水などの高付加価値水の生産／工業用水、農業用水、景観用水などの水の多段階利用。

水環境……工業用水や屎尿などの水処理（中水）などの下水ビジネス／水浄化プラント、汚泥処理・検査、湖沼や河川の浄化など。


一般の人々が水ビジネスと聞いて真っ先に思い浮かべるのは、容器に入ったミネラルウォーター（天然水）を販売することではないだろうか。ミネラルウォーターは、いまや世界各地でポピュラーな商品になっている。

日本ミネラルウォーター協会によると、現在、日本では国産品が約八〇〇種、輸入品が約二〇〇種と、合計一〇〇〇種のミネラルウォーターが販売されているという。

ミネラルウォーターの数量は、一九八六年には国内生産と輸入を合わせて八万キロリットルだったが、二〇一〇年には二五二万キロリットルと、三〇倍以上に増大しているのだ。市場規模も、一九八六年の八三億円から二〇〇八年には一九六一億円と二四倍増となっている(リーマンショックの影響もあり、二〇一〇年は一八五二億円に減少)。

二〇年ほど前であれば、日本ではお金を払って水を買うなど考えられないことだった。だが、そんな感覚はもはや過去のものとなっている。スーパーやコンビニエンスストアでも、ドリンク棚の一角を大量のミネラルウォーターが占めている。

とはいえ、欧米と比べれば、日本のミネラルウォーターの消費量は少ない。二〇〇五年および二〇〇八年の一人当たりの年間ミネラルウォーター消費量を見てみよう。日本が一四・四リットル→一九・七リットルに増加。アメリカが八〇リットル→一〇一リットル、ドイツが一二四リットル→一四八リットルと増加。日本と比べて圧倒的に消費量は多い。

欧米でミネラルウォーターの消費量が多いのは、もともと欧米大陸ではカルシウムや塩分を含む硬水が一般的で、日本のような美味しい軟水に恵まれていないといった要因がありそうだ。だから欧米では、ビールやブドウ酒などを好んで飲んだのである。

裏を返せば、いったん日本でミネラルウォーターが普及し始めたならば、日本には美味しい軟水資源があるのだから、日本のミネラルウォーター市場の潜在的な成長力はそれだけ大きいということなのだ。

世界を牛耳る「水男爵」とは誰か

だが、世界の水供給ビジネスの中心はミネラルウォーター市場ではない。さらに重要とされているのは、水道事業および海水淡水化事業などの淡水供給事業である。

世界には、「ウォーターバロン」、すなわち「水男爵」と呼ばれる国際的な水企業（水メジャー）が存在する。

とくに圧倒的な力を持つのは、フランスのスエズ・エンヴァイロンメント（Suez Environment）社、ヴェオリア・ウォーター（Veolia Water 二〇〇三年にヴィヴェンディから独立）社の二社だ。両社とも、上下水道を含めたあらゆる水処理事業に参入し、それぞれ世界七〇ヵ国以上で一億人規模の給水事業を行っている（もっとも、売り上げの七割はフランスを中心とするヨーロッパで上げている）。

なお、ドイツのＲＷＥ社が保有するイギリスのテームズ・ウォーター（Thames Water）社も、かつては水男爵に数えられていたが、いまは海外の水事業からは撤退している。

これら水メジャーは、ヴェオリア・ウォーター社の場合一八五三年、リヨンへの水道供給会社ジェネラル・デ・ゾーとして設立されたのが前身であり、スエズ・エンヴァイロンメント社は一八八〇年、リヨネーズ・デ・ゾーとしてカンヌでの水道事業を開始したのが起源であるなど、一〇〇年以上の歴史を持つ。とくにフランスでは、古くから広範にわたる事業の包括的な民間委託制度が発達していたことが、水メジャー創設の背景にある。

一方、イギリスでは一八世紀の産業革命を契機に急速な都市化が進み、ロンドンの人口は一九世紀初めに一〇〇万人を突破し、その後六〇年間で三〇〇万人に達した。人口の急増は、衛生設備や水の供給設備をパンクさせ、排泄物や生活排水が流れ込むテムズ川は悪臭が我慢ならないほどであったという。

汚染された水は、マラリアやデング熱を媒介《ばいかい》する蚊や住血吸虫などを発生させ、さらにはコレラや腸チフスなどの飲料水媒介の病気を流行させることになった。テームズ・ウォーター社の起源は、悪化する事態に対して浄水場を建設し、濾過《ろか》法や塩素処理などでテムズ川の再生を図ったことにある。

このように水メジャーは、フランスやイギリスに限らず、歴史的な「水道事業の民営化」の流れを背景として、世界のあらゆる地域をターゲットに水供給事業を拡大している。

かつては国を問わず、「水を治める者が国を治める」（政治の「治」という漢字は河川を治める意）という感覚があり、上下水道事業は公的セクターが担う性格のものだとみなされてきた。だが、欧米の先進国はかつて、老朽化した水関連施設の更新などにおいて、対応が困難になる状況に陥ったことがある。

イギリスは一九八〇年代に、当時のマーガレット・サッチャー首相が、電力やガスに続いて上下水道事業についても規制緩和を断行した。PPP（Public Private Partnership　官民パートナーシップ）といい、それまでは公的セクターが担ってきたインフラ分野に、民間活力を導入することで、業務の効率化を図ったのだ。そのことで、サービスの向上を期待することもできる。

他の先進国も、PPPの流れに続いた。さらに新興国や発展途上国でも、急速な経済発展や都市化にインフラ整備が追いつかず、民営化の手法が織り込まれることになった。公的資金の不足や、国連や世界銀行などの水問題に対する方針もあった。

民営化すれば当然だが、それまで価格がつけられていなかった水は、価格のついた「商品」となり、貧しい人々にとっては手の届きにくいものになる恐れもある。だが、民営化しないままで放っておけば、いつまでも汚れた水を使ったり、水汲みの重労働をしたりしなければならないことになる。途上国には、そんなジレンマもあるのだ。

しかし、この結果、水を「持つ者」、あるいは「安全な水にアクセス可能な者」と「持たざる者」との格差が深刻化することになる。

こうしたなかで、一部の民間企業、とりわけ「水男爵」は、水道事業の民営化をしたたかに推進してきたと見ることもできる。

これらの企業は、深刻化する世界の水問題に関する議論をリードするかたちで、「水道事業の民営化こそが問題解決の本筋である」という戦略を取ってきた。その流れのなかで、「水は商品である」ということを強くアピールしている。

彼らの主張は、世界中で水が無駄に消費されているため、その結果として水不足の問題が深刻化しているというものだ。その背景にあるのが、多くの国々で水の値段が不当に安いことだという。

そして、水は希少かつ貴重な資源であり、それを効率よく利用するためには、「飲み水がタダの時代は終わった」という意識の転換が必要だと訴えている。

水道事業民営化の現状

このようなヨーロッパの水企業の考え方に沿う格好で、二〇〇〇年に開催された「第二回世界水フォーラム」では、「フルコスト・プライシング（水道事業にかかった費用の全額を地域の消費者から回収する）」という利用者負担の考え方が打ち出されている。

これに対し、NGO（非政府組織）やNPO（非営利組織）などから、「フルコスト・プライシングが導入されれば、水道料金を支払えない貧困層は水の供給からはじき出されてしまう」という反発の声が上がった。先述したようなジレンマだ。

これは根拠のない反対とはいえないだろう。実際、南アフリカでは一九九四年以降、水道を止められたことで、数千人の人々が汚染された河や湖の水を使うことを余儀なくされた。その結果、史上最悪のコレラ大流行が出来《しゅったい》。数千人が感染し、数百人が死亡したといわれている。

開発は、究極的には地元の住民に益するものでなければならないというのが、開発経済学の考え方だ。それは水道事業も然《しか》りで、必ずしも市場メカニズムや経済合理性だけで割り切れるものではない。最終的には、相反する双方の言い分を統合する思想が必要になってくるだろう。

ちなみに、スティーブン・ソロモンは『水が世界を支配する』のなかで、「水を持つ者と持たざる者の格差がますます深刻化する現在、水不足の新しい政治学が、二一世紀の歴史と環境の運命を形づくる中心軸としてますます必要となっている」と指摘している。

では、水道事業の民営化、その現状はどのようなものなのだろうか。

世界の水ビジネスに詳しいグローバルウォータ・ジャパン代表の吉村和就《よしむらかずなり》氏によれば、民営化の状況はイギリス一〇〇パーセント（スコットランド、アイルランドは除く）、フランス八〇パーセント、ドイツ二〇パーセント、アメリカ三五パーセントとなっている。アジア平均もすでに一〇パーセントに達しており、とくに韓国や中国で民営化が進んでいるという。

民間企業が水を提供する人口は着実に増えているのだ。一九九〇年当時は五一〇〇万人だったが、二〇〇二年には三億人を超えている。

ＩＣＩＪ（国際調査ジャーナリスト協会）によれば、「水男爵」のうち、スエズ・エンヴァイロンメント社はすでに世界五大陸で事業を展開。一三〇ヵ国、一億一五〇〇万人に飲み水を供給している。またヴェオリア・ウォーター社は一〇〇ヵ国以上、一億一〇〇〇万人に、テームズ・ウォーター社も五〇〇〇万人に供給している。

しかし、この水ビジネスは拡大にともなって新規参入も増えているため、近年、「水男爵」のシェアは横ばいが続いている。そのなかで成長著しいのがシンガポール最大の水処理会社ハイフラックス（Hyflux）社と、韓国の主要水関連企業の斗山《とさん》（Doosan）だ。

ハイフラックス社は、水資源を一括管理する公共事業庁より国内の上下水道供給施設の運営管理を受託し、近年は中東や北アフリカ地域での水事業を急拡大している。一方、斗山は、政府の長期的な水分野の研究開発プロジェクトに乗るかたちで、海水淡水化事業などを中東や北アフリカで展開している。

なお、前述したように、現在では、テームズ・ウォーター社は途上国の水道事業からは撤退した。

なぜ日本は民営化に遅れたのか

一方、日本の水道事業は民営化の波に乗り遅れている。それは、一〇〇年以上にわたって「官」が経営してきた水道の維持管理事業を民間に任せてもいいのかという、「官」の側の心理的な抵抗が強かったためだろう。

こうしたなか二〇〇二年四月、日本で改正水道法が施行され、公営企業の民営化や外資の参入がスタートした。その第一号として注目されたのが、広島県三次《みよし》市の浄水場運営事業である。受託したのは三菱商事と日本ヘルス工業が共同出資したジャパンウォーター。しかし、任されたのは浄水場の維持管理のみにすぎなかった。

それでも、小泉純一郎《こいずみじゅんいちろう》政権下での構造改革、「官から民へ」という流れもあって、ようやく海外の水道企業による本格的な進出の動きが見られるようになった。

二〇〇七年七月、電力業界紙で、ヴェオリア・ウォーター社が卸発電事業者のＪパワー（電源開発）と共同で、福岡県大牟田《おおむた》市と熊本県荒尾市が運営する水道事業を、三井鉱山から取得したという報道がなされた。

だが、「水男爵」などの外資が日本市場において関心を示しているのは、すでに成熟している水道事業ではないようだ。「本命」は、豊富な淡水資源を利用した淡水輸出ではないだろうか。

すでに地中海などでは、タンカーや樹脂製の巨大な袋に淡水を詰め、船で牽引するなどの方法による淡水の海洋輸送が試みられている。採算面など困難な問題も少なくないが、今後は淡水という資源がますます貴重なものとなり、原油をもしのぐ戦略物資となれば、事業として充分に成立するだろう。

もちろん、日本も手をこまねいているわけではない。さまざまな自治体や商社が海外の水道事業に進出しており、淡水運搬の動きも見られる。

二〇〇七年には、合成繊維のバッグ（縦四四メートル、横一〇メートル）に真水一〇〇〇トンを入れて海上輸送する実験が成功した。タグボートに引かれて和歌山県新宮《しんぐう》市を出発したバッグは、紀伊水道を横断して約一七〇キロを移動。翌日に徳島県阿南《あなん》市に到着している。

この水資源機構などによる実験は、災害や渇水の際に低コストで水を運ぶ手段の確立が目的。そのために、水に恵まれた新宮市から慢性的な水不足を抱える阿南市まで運ばれたわけだが、このノウハウは国内での水移送に限らず、発展すれば、国際間での水資源ビジネスの展開も大いに可能だろう。

実はすでに、国家戦略物資としての日本の水資源に早くから注目している人物がいる。

水供給基地としての宿毛港の未来

筆者は二〇一一年六月、講演のため高知県の旧中村市（二〇〇五年に西土佐村と合併して現在は四万十《しまんと》市）を訪れた。

旧中村市は東京から時間距離が日本でもっとも遠い場所と聞いていたが、なるほど羽田空港を朝七時台に出発して高知龍馬《りょうま》空港に着き、高知駅から特急列車南風号で約二時間、待ち時間も含めると半日の行程だ。しかし、訪れてみる価値は十分ある。

主催者によれば、旧中村市は、五〇〇年ほど前に関白一条教房《いちじょうのりふさ》が応仁《おうにん》の乱を避けて京都から同地に下向したことで、街が碁盤の目状に造られており、まさに小京都の佇《たたず》まいだ。ホテルの近くには『社会主義神髄』を著した幸徳秋水《こうとくしゅうすい》の墓があり、日本最後の清流とされる四万十川が悠然と流れる。

懇親会の場でお会いしたのが立田《たった》晴久《はるひさ》氏だ。ぜひ宿毛港も見てください、とのこと。氏は、宿毛港を拠点に水運業や海運業などを手広く営む地元の名士である。父親で会長の立田敬三《けいぞう》氏、長男で社長の立田雅弘《まさひろ》氏の下で、立田グループを率いるのが二男で専務の立田晴久氏だ。

翌朝、迎えに来てくれた車に乗り込んで約三〇分。静謐《せいひつ》な港の岸壁で車輪が止まった。会長、社長はじめ港湾責任者たちも朝早くから来られていた。並々ならぬ情熱を感じた。現在、宿毛新港が完成を待つばかりという。

日本の戦略上重要な宿毛湾が活かし切れていないというもどかしさがあるようだ。確かに、港には岸壁以外にこれといった建物も見られない。

宿毛湾は水深三〇メートルある天然の良港で、古くは連合艦隊が集結し、戦艦大和《やまと》が走行試験を行った場所だという。遠く沖を見つめながら説明をしてくださる会長の脳裏には、当時の光景が生々しく焼きついている様子だ。

しばらく湾を眺めていると、遠方にいた一隻の貨物船がみるみる近づいてきた。宿毛湾を台風の避難港に利用したり、短時間で船舶用の飲料水の給水を受けるために、こうしたケースはよくあるのだという。

実は筆者にお願いがあると、立田晴久専務が改まった口調で告げた。四万十川が流れ込むこの宿毛湾は水資源が豊富だが、それが有効に活用されていないというのだ。

氏によれば、国営の中筋川《なかすじがわ》ダム、県営の坂本ダムと水ガメは完成している。しかし、いずれも総合ダムであるにもかかわらず、治水のみの活用で、利水には一度も活用されていない。

宿毛新港はほぼ完成しているが、いまだ利水実績はない。導水管、給水システムなどのインフラ整備を行えばすぐにでも、漁師への給水のみならず、(一) 国内の渇水地域への移送、(二) 災害時の支援物資としての国内外移送、(三) 戦略物資としての海外移送、などが可能だという。

「私の思いをこの手紙に書いてありますから、ぜひ東京に戻ったら読んでみてください」と、株式会社立田回漕店の社名が入ったＡ４版の茶封筒を渡された。それが次の文章だ。

〈水資源問題は今世紀における世界的、国内的に重要な課題であることは申し上げるまでもありません。

高知県のなかでもここ宿毛市は、昔から良質で豊富な水を有している町としてあまり知られておりません。

そのうえ、国営の中筋川ダムや県営の坂本ダムがあり、地域住民の生活安全や農業、工業用水として地域振興に重要な役割を担っております。

しかし、多様な水源のある宿毛の水は、洪水の調整という以外では、十分利用されていないのが現状ではないでしょうか？　また、宿毛市の地理的な状況を考えてみましょう。

西日本のほぼ中心にあり、瀬戸内海の入り口であり東南アジア方面にも開かれている静寂な自然の良港（重要港湾）を有する町です。

「水」利活用から見た現状は、大きな設備はおおむねすでに完成しております。

現時点で、想像できる水の需要はどうでしょうか？

第一に思い出すのが阪神大震災の際、水道・電気やガスが途絶え、「水」に対しては呉《くれ》の海上自衛艦による給水が実施されたことは、ご承知の通りです。

第二に産業、工業用水ではどうでしょうか？　夏場を中心に西日本では、渇水情報が流れております。瀬戸内の工業地帯に「水」が輸送されたことがありました。

第三に海外の「水」需要を考えてみましょう。東南アジアではいまだに不衛生な水による疫病が蔓延《まんえん》している国や、他国から供給を受けている国もあります。

オーストラリアでは水道水と生活水を区別していたり、水使用を制限している地域があります。中近東については今更《いまさら》述べることがないように、砂漠地帯で水は最重要資源となっております。以上のように、現状においてももはや「水」に関する潜在的要望は、無限のように思えます。

最後にインフラ整備および輸送システムを考えてみました。

大きな水ガメ（ダム）はすでに完成していますし、出荷基地（宿毛港池島新岸壁）もおおむね完成しております。

これらをつなぐ導水管と水タンク、および船積設備（ポンプなど）があればすぐにでも宿毛の「水」は、日本各地に出荷できます。海上輸送には、船のバラスト水代りに積んだり、ダブルハル化された空隙《くうげき》に積むこともできます。

また、キプロス島で実施されているように、水バッグでも良いでしょう。このようにあまりコストを掛けずに宿毛の「水」は、日本国内だけでなく、世界に発信できる大きな資源と考えられるのではないでしょうか？

同じルールで、同じ定規《じょうぎ》で国内隅々を考えるのではなく、今後はそれぞれの地方の特徴を生かした地域興しを検討していく必要があるように思います。

「水」は国策資源で今の法律では難しい面も多々ありますが、今一度宿毛の「水」を皆様も考えてください。宿毛の「水」で多くの人や国が助かるのであれば、これほどすばらしいことがあるでしょうか？

過疎化の進む小さな町が自信を持ち、胸を張って存続する一つの「夢」となりえるのではないでしょうか？「水」の特区的発想はいかがでしょうか？

皆様のご意見をいただければと存じます。よろしくお願い申し上げます〉

改めて、日本列島を振り返ってみると、世界も羨《うらや》むような安全な淡水に溢れていることに気づかされる。立田氏の思いをぜひとも実現したい。

日本には利用できる淡水資源がまだまだあるだろう。

人気が高まる水関連ファンド

水ビジネスが世界の潮流になるのにともなって、これまでのエネルギー・資源関連ファンドや地球温暖化対策関連ファンドなどに加えて、限りある水資源に着目した投資信託の設定も目立つようになっている。

とくに注目を集めたのは、野村證券が二〇〇七年から販売を始めた「野村アクア（水）投資」だ。これは世界の水関連企業の株に投資し、積極運用するもので、信託期間は約一〇年。為替《かわせ》ヘッジの有無でAコースとBコースに分かれている。顧客の反応も上々のようで、両コース合わせて八九三億円という多額の資金を集めた。

この「野村アクア投資」は、水を取り巻く四つの環境変化に注目して投資を行うことを謳っているのが特徴だ。

一つ目は、人口増加にともなう生活用水、工業用水の需要拡大だ。

世界の総人口は今後さらに増える傾向にあるだけに、都市部への人口集中がさらに伸びると見越しているわけである。莫大な人口を抱え、なおかつ工業化による急速な経済発展を遂げているＢＲＩＣｓ（ブラジル、ロシア、インド、中国）に代表される新興国では、とりわけ水需要の増大が予想される。

二つ目は、気候変動への対応と水の効率的利用への注目である。

地球温暖化による異常気象の発生によって、世界各地で水害、干魃などが深刻化しているのは、これまでにも記した通り。コントロールが困難な気候変動への対応として、灌漑技術の導入・改良による水の効率的利用に取り組んでいる企業が対象となる。

第三の注目点は、地球環境への関心の高まりにともなう水品質の追求だ。

汚染物質を含む水が世界各地で排出され、地球環境への影響が懸念されるなか、廃水処理技術の世界的普及による水品質の改善が期待されているためだ。

そして第四の注目点は、水道設備の取り換え需要と新規需要の拡大である。

先進国においては、水道設備の老朽化により、今後は取り換え需要の拡大が予想される。

一方、途上国では、配水管の給水ロス（漏水など）が多く見られる。タイ、エクアドル、エチオピア、スーダン、トルコ、ヨルダン、パキスタンなどで四〇パーセントを超えているほか、フィリピンでは五三パーセントにも達している。

日本は水道設備のレベルも世界一といっていいのだが、上下水道が全国に行き渡って四〇年ほどが経っているだけに、今後は新たな設備への転換が進むことだろう。また新興国でも、経済成長にともなって、水道設備の新規需要が拡大していくはずだ。

水関連ファンドへの高い需要

先述した四つの注目点をベースに、「野村アクア投資」では、水関連企業として選んだ四〇〇社のなかからサステナビリティ（持続的成長）の概念も加えて投資銘柄が選定される。選定を担当しているのは、サステナビリティ投資に特化したスイスの運用会社ＳＡＭ（サステイナブル・アセット・マネージメント）社だ。

同じ方針の下で同社が運用している「ＳＡＭウォーター・ファンド」は、北米の家庭用パイプでトップシェアを誇るＩＴＴや、水質検査の試薬、水処理の消毒でマーケットリーダー的存在のダナハー社、スイスのギーベリッツ社（上下水道機器メーカー）、フランスの食品加工会社ダノングループ（ボトル飲料水の大手）などに投資している。

ちなみに、水をテーマとした国内公募投信の第一号は、野村アセットマネジメントが二〇〇四年三月に投入した「ワールド・ウォーター・ファンド」だ。このファンドは二〇〇六年から販売額が急増。運用資産の適正範囲維持のため、二〇〇七年五月に一度は販売停止措置が取られるほどの人気商品となった。

この「ワールド・ウォーター・ファンド」にもA・B二つのコースがあり、合計の純資産総額はかなり高額になったという。

こうした水関連ファンドの需要の高さを受けて、野村證券は二〇〇七年八月に、前述の「野村アクア投資」を設定したのである。

世界的な水争奪戦の始まりが意識されるなか、関連企業の株価は上昇基調に。身近なコンセプトと株価の先高期待が合わさって、販売は好調を記録した。

水や地球環境をテーマにした投資信託は、二〇〇七年には、六月に日興アセットマネジメント、七月に三菱UFJ投信、そして八月に野村アセットマネジメントと三ヵ月続けて設定された。

その後も、大和投資信託の「地球環境株ファンド」、国際投信投資顧問の「地球温暖化対策株式オープン」「温暖化対策株式オープン／愛称グリーン・プラネット」、ユービーエス・グローバル・アセット・マネジメントの「UBS地球温暖化対応関連株ファンド」など、まさに水・地球関連ファンドの設定ブームとなっている。

水や環境をテーマとした投資信託の設定が相次いだことの背景について、ラッセル・インベストメント証券投信投資顧問の水野《みずの》善公《よしまさ》投資信託本部長は、当時以下のように語っている。

「複雑な商品だと受け入れられにくい。その点、環境ファンドなら身近に感じられ、好んで購入する傾向があるようだ。販売会社にとっても新規顧客獲得の呼び水という役割を果たしている」

水道設備の老朽化がもたらすもの

水を確保している先進国でも、水道設備の老朽化が原因となって漏水などの給水ロスが起こっているため、今後は設備を更新する需要が拡大すると見られている。

老朽化の問題は日本でも深刻である。社団法人日本水道工業団体連合会の坂本《さかもと》弘道《ひろみち》専務理事によると、日本で近代的な水道インフラが整備されたのは一八八七年、横浜市においてである。その後、主要港町において順に水道施設が整備されていった。この背景には一八六〇年代に多くの港町でコレラが蔓延《まんえん》したことがある。

以後一五〇年が経過し、日本は水道普及率が九七パーセント、漏水率が七パーセント（東京は三パーセント）、いつでもどこでも飲料水が手に入るなど、いずれをとっても世界一の水環境にある。

しかし、問題は老朽化設備が更新時期に来ていることだ。建設後三〇年が経過したものを老朽化設備とすると、日本の水道インフラはほとんどが四〇年を経過し、老朽化が進み、更新期を迎えている。

ところが、すでに国内の水道管の総延長距離は六一万八〇〇〇キロあり、更新は容易ではない。年間の更新投資は現在の約五〇〇〇億円から二〇四〇年には一兆円に達する見通しだ。

また、水道管の非耐震性率が高いという問題もある。根本祐二《ねもとゆうじ》『朽ちるインフラ』によれば、地震に強い耐震管が導入されたのは二〇〇〇年以降で、それ以前の水道管は震度六以上の地震には耐えられない（厚生労働省の調査では、二〇〇九年現在で、震度六の地震に耐えられる水道管は全体の三〇パーセントにすぎない）。

そして最大の問題は、団塊の世代の大量リタイアにより水道技術者が不足していることである。坂本氏によれば、近い将来、日本の水道インフラにおいては、この水道技術者の不足が深刻な問題となる。

とはいえ、「課題＝事業機会」という見方をするならば、日本は国内だけでも水関連ビジネスの宝庫ともいえる。では、海外ではどうか。

三菱ＵＦＪ投信・証券マーケティング部の山口裕之《やまぐちひろゆき》チーフマネジャーによれば、新興国の新規需要と合わせ、ライフラインとしてのインフラ投資は安定かつ長期にわたるため、水関連の市場規模は年に三六五〇億ドル、その後も年に一〇パーセント伸びるといわれており、関連企業の収益機会はさらに広がると予測された。

三菱ＵＦＪ投信の「三菱ＵＦＪグローバル・エコ・ウォーター・ファンド」では、以下の五つの水関連事業について、年一五〜三〇パーセントのペースでの市場拡大を予測した。

「上下水道の整備や水道サービスを提供する公益事業・インフラ整備」
「水道管やポンプ、バルブなど水関連装置」
「海水の淡水化と廃水の再利用や工場向け純水製造装置などの水処理技術」
「上下水道インフラや水処理システムのデザインや設計を手がけるエンジニアリング」
「水資源の節約や再生利用に関する装置や機器の開発・製造を手がける環境保全」

このうち公益事業は、「水男爵」の一つでもあるフランスのスエズ・エンヴァイロンメント社など、大型のコングロマリット（複合企業）が担っている。公益事業は参入障壁が高いものの、安定した収益を上げると見られている。

水処理の分野では、オルガノや栗田工業といった日本企業も活躍している。ファンドに組み入れられている六〇銘柄のなかには、日本の三銘柄も含まれている。

投資候補となる水関連企業は約九〇社。ＳＲＩ（社会的責任投資）の観点から不適切な銘柄を除外し、ほかのファンドとの差別化を図っている。

個別銘柄の株価も、大きく値上がりしたものが多い。投資魅力の高さを認識した投資家たちが積極的に買いつけたためで、こうした水処理関連の企業は、これからもますます注目の度合いを高めていくのではないだろうか。

第五章　世界を救う「水技術大国」日本

造水ビジネスの可能性とは

この章では、日本が持つ技術で世界に進出していく可能性について考えてみたい。

水不足や水の汚染といった問題に関して、ビジネスの領域が三つのパターンに分かれることはすでに述べたとおりだ。国民一人当たりのGDPが四〇〇〇ドル以下、都市化率が三〇パーセント以下の国では、まずは安全な飲み水へのアクセスである上水道事業が求められ、GDPと都市化率が上昇すると衛生面での下水道事業が必要になってくる。さらに一人当たりGDP一万ドル以上、都市化率八〇パーセントを超えると、造水・下排水事業のニーズが生じる。

このなかでも第三段階、すなわち造水事業は、日本の高い技術が大きな強みになるものだ。

造水は、二つの分野に分かれている。一つは海水の淡水化だ。確かに、地球の水資源の九七・五パーセントが海水であり、人間が利用できる淡水は、水全体のわずか〇・〇一パーセントしかない。しかしそれならば、無尽蔵の海水を淡水化できれば、水不足問題解決の有力な手段となろう。

もう一つが、使用した水（排水）や雨水を再処理し、中水として利用するものだ。また、近年では、不純物を極度に取り除いた水（超純水）が、必要となる分野が増えてきた。半導体産業でウェーハーの洗浄に使われる水や原子力発電における炉心《ろしん》の冷却水などである。

中水とは、上水と下水の中間に位置するもので、トイレの洗浄、冷却用水などに使われる水のことである。

海水淡水化は、かなり古くから行われてきた。

中国・明代（一三六八年〜一六四四年）の宦官《かんがん》にして武将だった鄭和《ていわ》は、一四〇五年から一四三三年にかけて、全長約一四〇メートル、幅約五八メートルもある二五〇隻の巨大な宝《ほう》船《せん》を中心とした船団で、東南アジアからアラビア半島、アフリカまでの大航海を行っている。それぞれの宝船には四五〇人から五〇〇人の乗組員があり、排水量は三〇〇〇トンに達したといわれる。

ちなみに、これは同世紀末にバスコ・ダ・ガマがアフリカ喜望峰を回ってインド洋に向かったときの船の一〇倍以上だ。

その際、飲み水（淡水）を確保するために船上で海水を沸かし、蒸留させて淡水をつくったそうだ。そして、その水を使ってもやしを栽培し、脚気《かっけ》の予防にも努めたという。この辺の、胸がわくわくする物語は、ギャヴィン・メンジーズの『１４２１　中国が新大陸を発見した年』に詳しい。興味のある読者には一読をお薦めする。

このように歴史があり、オーソドックスな手法といえる蒸留法だが、燃料に重油を使うためCO$_2$を排出するから、現代にマッチした方法とはいえなくなっている。

では、蒸留法以外では、どんな海水淡水化の方法があるのだろうか。主なものは以下の三つだ。

一つ目は、逆浸透膜法(RO＝Reverse Osmosis Membrane)。細かく分けると、膜の表面構造によってROのほかにNF(ナノ濾過)、UF(限外濾過)、MF(精密濾過)などがある。

二つ目が電気透析法。陽イオンと陰イオン交換膜のあいだに海水を通し、両膜の外側から直流電圧をかけることで、膜を通して海水中の塩化物イオンとナトリウムイオンを除去して淡水を得るものだ。

三つ目はLNG冷熱利用冷凍法で、マイナス一六二度のLNGを用いて海水を凍結させ、氷を溶かして淡水を得る。

なかでも、もっとも普及しつつあるのが逆浸透膜法である。これは、一ナノメートル(一〇億分の一メートル)以下の細かな穴が開いた膜に高い圧力をかけて海水を通し、塩分やホウ素などを取り除き、真水に変えるという方法だ。

一九七〇年代のオイルショック以来、環境技術を蓄積してきた日本企業にとって、この水処理膜を中心とする海水淡水化ビジネスは、もっとも得意とするところだ。すでに日本企業は、中東はじめ中国やアフリカなどで相次いで造水関連ビジネスを受注している。

かつては、この逆浸透膜法にはコストが高いという問題点があった。

水は石油よりもはるかに重たい。その重たい高圧の水を海水淡水化プラントでは、多段の羽根車のポンプを使って送水する。そのポンプを動かすのは電力であり、プラント運転コストの三〜四割が電力費といわれる。また、何層もの膜を通す必要があるため膜の目の細かさが重要となる。

膜を通すために圧力をかける際には電力を使う。中東ではカタールやトルコなどで、商社の電力・インフラ部門が、海水淡水事業と同時にIPP（Independent Power Producer 独立系の発電事業）を興し、その土地で生産される石油や天然ガスで発電し、その電力で淡水をつくっている。

逆浸透膜法が低コスト化すると

もちろん電力はほかの事業にも使われるのだが、いずれにしても事業の規模は大きかった。

だが近年では膜の技術革新が進み、膜を通す回数も減少。それだけコストがかからなくなっている。大型海水淡水化プラントの淡水化コストについては、一九八〇年代は一トン当たり数ドル（当時一ドル＝二四〇円として数百円）といわれていたものが、一九九一年には同一ドル近く（約二〇〇円）に下がり、現在では一ドルを切っている。

グローバル・ウォーター・インテリジェンスによると、日量一〇万トンの淡水化コスト（二〇年間稼働、電力費〇・〇五ドル／kWh）は、逆浸透法で水一トン当たり〇・五五ドル（うち電力費〇・二三ドル）である。電力コスト自体も、約一〇分の一に減っている。ちなみに、蒸留法（多段フラッシュ法）の場合の淡水化コストは、〇・七七ドル（内燃料費〇・二七ドル、電力費〇・一九ドル）と逆浸透法よりも高くつく。

こうなれば、普及も早い。以前は淡水をつくる電力として石油火力発電が必要であったため産油国でないと難しかったが、現在では世界各地で可能になりつつある。実際、淡水化プラントの数は二〇〇八年六月現在で一万を超え、造水能力は約四八〇〇万トン／日と、二〇〇一年の約三〇〇〇万トン／日から拡大。近年は毎年一〇パーセント前後（二〇〇〜三〇〇万トン／日）の伸びを続けている。

経済産業省の試算では、世界の海水淡水化事業の市場規模は、二〇〇七年の一・二兆円（素材・部材提供・コンサル・建設が五〇〇〇億円、管理・運営サービスが七〇〇〇億円）から、二〇二五年には四・四兆円（各一兆円、三・四兆円）に拡大する見通しだ。

「水男爵」三社も、水道事業にとどまることなく、近年のインフラ分野におけるＰＰＰ(Public Private Partnership　官民パートナーシップ)の進展を追い風に、淡水の供給事業へと戦略を広げている。しかし、海水淡水化関連ビジネスでは、日本の企業も負けてはいない。

一九七〇年代のオイルショック以降、環境技術を蓄積してきた日本企業にとって、水処理膜を中心とする海水淡水化ビジネスは得意分野なのだ。

旭化成は、二〇〇六年に中国で日量三万五〇〇〇トンの汚水処理施設と、浙江《せっこう》省の発電所向けに日量五万トンを淡水化するための水処理膜を受注している。二〇〇九年には、フィリピンのマニラ市からもアジア最大規模の一日当たり処理量一〇万立方メートルの水道浄水場向け膜モジュールを受注。

またアメリカでは、クリプトスポリジウム原虫(下痢の原因となる病原性の原虫)の水道水への混入が問題化したことをきっかけに膜処理が急速に普及。この流れに乗った旭化成は、二〇〇五年以降の膜処理方式による水処理市場の新規受注で、五〇パーセントを超えるシェアを獲得することになった。

逆浸透膜の生産で世界トップクラスなのが東レだ。ＲＯからＭＦまで、すべての水処理膜を持つ唯一の素材メーカーである。これらさまざまな技術を最適に組み合わせることで、積極的に淡水化ビジネスに乗り出している。

同社は二〇〇八年に地中海沿岸地域のアルジェリアで、アフリカ最大の海水淡水化プラントに使用する逆浸透膜を受注。イスラエルやマルタでも日量五万〜九万トン規模の逆浸透膜を受注している。

二〇〇八年から二〇一〇年にかけては、ペルシャ湾沿岸の四ヵ所の海水淡水化プラント向けにRO膜を受注した。ちなみに、ペルシャ湾は海水の濃度が高く、三五度以上の高温であることから、海水淡水化技術としては難度が高いとされている。それを克服しての受注だ。

二〇一一年には、中国で二つの海水淡水化プラント向けに逆浸透膜納入を受注。その合計造水量は日量一五万立方メートルに達する。とりわけ青島《チンタオ》の海水淡水化プラントは中国最大規模で、中国初の本格的な飲料水向けプラントだ。

ほかにも日東電工が逆浸透膜で大きな業績をあげ、三菱商事、三井物産、丸紅、伊藤忠商事などの大手商社も中東で海水淡水化プラントや排水処理設備などの受注を増やしている。

もちろん、この分野でもライバルは多い。企業単独での力を比べれば、やはり強いのはアメリカだ。しかし、各企業が持つ技術を集約すれば、日本は世界ナンバーワンといえるのである。

水処理ビジネスも中国市場で急増

もう一つの造水の手法が、水の再利用だ。

水を使うということは、水を汚染するということでもある。水の需要が拡大し、一方で淡水の量が限られている状況にあっては、一度使った水を再処理し、可能な限り再利用することが重要だ。これを水の多段階的利用、あるいはカスケード（小さい段になって落ちる滝）利用という。

水資源の回収率を高め、水資源を多段階、多分野にわたって活用することは、造水効果があると同時に水質の改善にもつながる。

この技術においても、日本は世界有数の存在といっていい。

日本における工業用水の使用量は、一九六五年には一七九億トンだった。それが二〇〇一年には五四〇億トンへと、約三倍に拡大した。しかし補給水量、すなわち新たに工業用水道、地下水、河川水などから採り入れる水量は、一一四億トンから一一六億トンになっただけである。ほとんど増えていないのだ。

これは、再処理した水の量が六五億トンから四二四億トンへと、六・五倍にも拡大していることが要因だ。それだけ、再処理技術も向上しているのである。

現在では、日本の工業用水の使用量のうち八〇パーセント近くが中水（再処理水）の利用でまかなわれている。日本では、工業用水は水道水の五分の一のコストで生産することが可能なのだが、使用量が莫大なため、いったん使用した水を回収して利用しているという背景がある。この意味では、使用した水を再処理して再び利用するということは、造水と同じ効果があるのだ。

再処理水の用途は、ボイラー用水、原料・製品の処理・洗浄、冷却・温度調節などがメインとなっている。なかでも水量が多いのは冷却・温度調節で、全体の七八パーセント。次いで製品の処理・洗浄が一七パーセントとなっている。産業別に見ると、化学、鉄鋼、紙パルプが使用量の三大業種だ。これに輸送用機械、石油・石炭、食品などが続く。これらの産業を、水の再処理技術が陰で支えているのである。

水処理ビジネスの急速な拡大が期待できるのが中国である。

急速な工業化が進む中国では、近年、経済成長と水資源・環境の制約というジレンマに直面している。中国の一人当たり水資源量は二一三八立方メートルで、世界平均水準の四分の一と少なく、北方地域では八分の一以下である。しかも、限られた水資源の分布は偏っており、全国約六六〇の都市のうち、四〇〇都市が水の供給不足、一一〇都市が深刻な水不足状態にある。水不足は全国で年間三〇〇億～四〇〇億トンに達する。

水質汚染も深刻で、一部地域では、農業、工業、住民生活、生態環境分野で水を争奪するといった状況にある。また、北方沿海部の都市では、地下水の過剰揚水による海水浸入が起きている。南方地方は、水資源は豊富だが、降水の季節が均等でなく、水害と干魃の両方に悩まされている。

激増する需要と日本企業の躍進

すでに繰り返し述べてきたように、地球上における水資源は非常に少ない。全体を風呂桶《ふろおけ》とすると、我々が使用可能な淡水の量は片手ですくえるほどでしかないのだ。

その需要は年々拡大する一方だ。しかも水に代わる物質はほかにない。つまり、水は二一世紀において石油をもしのぐ資源だということもできる。将来、原油のように取引所でやりとりされてもおかしくないとすらいえるだろう。

いや、すでに水は石油より高いといってもいいかもしれない。ガソリンが一リットル一五〇円を超えたと話題になったことがあるが、スーパーで一リットルのミネラルウォーターを買えば二〇〇円以上することはざらではないか。

自動販売機で購入すれば、五〇〇ミリリットルで一二〇円、一五〇円という値段がつく。水道水なら一リットル当たり一〇銭ほどで済むのだが、日本人は二〇〇〇倍のお金を払うことまでして、不思議と思わずにミネラルウォーターを買っているのだ。

しかし日本は、例外的に水資源に恵まれている国。世界的に見れば、飲料水にせよ工業用水にせよ不足している。それだけでなく、水質汚染の危機にもさらされている。

逆にいえば、こうした危機は、企業にとって、それを解決する方向で大きなビジネスチャンスともなる。中国やインドなどの新興国が急速に経済成長しているなか、水資源の不足はこれまで以上に大きな課題となるだろう。だからこそ、日本企業は世界トップクラスの海水・排水の処理技術をもって世界で活躍することができる。その需要は、今後も伸び続けるだろう。

ちなみに、先述した旭化成や東レなどを含め、日本の水ビジネス関連企業を取り上げると次のような企業が名を連ねる。

海水淡水化装置・プラント：ササクラ、日揮、千代田化工建設
水処理膜：東レ、旭化成、東洋紡、帝人、クラレ、三菱レイヨン、日東電工、ダイセル化学工業
水処理システム：日立造船、日立プラントテクノロジー
上下水道処理関連：積水化学工業、クボタ

超純水：オルガノ、荏原《えばら》製作所、荏原実業、野村マイクロサイエンス
水処理装置：三菱重工業、日本ガイシ、富士電機、月島機械

水処理関連プラント建設では、オルガノや栗田工業、ササクラ、荏原製作所などが日本を代表する企業といえるだろう。

オルガノは、電力・半導体向け超純水など機能水製造装置に力を入れている。電子産業では、生産量の増大や液晶パネルの大型化にともない、機能水の需要が増加しているのだ。同社は約二〇億円をかけて新工場を建設。電子産業だけでなく、機械・建設業界における排水・廃液削減などの環境保全効果の需要を掘り起こそうとしている。

総合水処理最大手の栗田工業は、中国向けの水処理薬品をはじめ、超純水製造装置、環境機器、土壌浄化などを積極的に展開。排水処理を大幅に効率化できる処理プラントを実用化しているほか、今後の成長が見込める燃料電池市場、とくに家庭用燃料電池向けの小型超純水製造装置の開発を強化している。

ポンプの総合メーカーだった荏原製作所は、二〇一〇年から三菱商事、日揮《につき》と三社で水処理事業を共同展開している。荏原製作所は一九三一年に国産初の水道用濾過装置を納入して以来、これまで日本全国に数多くの水処理施設を納入してきた実績がある。荏原が持つ水処

理技術に三菱商事の金融ノウハウ、日揮のプラント設計技術を合わせ、海外での水道インフラ建設、運用・管理を一括して請け負う体制が作られた。

インフラ運営では、海外企業に比べて出遅れた感のあった日本企業だが、このような共同事業によって、高い水処理技術をより活かすことが可能になる。世界の水道インフラ事業は二〇二五年には約九〇兆円の規模に達する（二〇一〇年の二倍）と見られているだけに、早期の市場参入は欠かせない。

また商社に目を移すと、水事業の民営化の流れに乗ってグローバルな水ビジネス展開を積極的に進めているのが丸紅だ。具体的には、カタールで下水処理建設を受注したのをはじめ、アラブ首長国連邦（UAE）など中東で発電・海水淡水化事業を積極的に展開している。また、中南米では、ペルーで上水プラント、チリで上下水道事業を展開。アジアでは、中国四川《しせん》省の成都や安徽《あんき》省で水道事業を行っている。

水のなかに存在する希少資源

ここで、改めて資源とは何かを考えてみよう。

前にも述べたように、二一世紀に入って、石炭、鉄鉱石、原油、金、銅地金、天然ゴム、そして穀物など、あらゆる資源価格が上昇している。マスコミでは、よく「最近の原油価格は投機マネーによるマネーゲームだ。マネーが去ってしまえば、元に戻る」といわれている。確かにそのような側面もあるが、私はそうではなく、資源市場の構図が変わっていると見ている。

あらゆる資源について、一九六〇年代からこれまでの約五〇年間を振り返ってみると、一九七〇年代と二〇〇〇年代初めに「均衡点価格の変化」が起こっているのが分かる。繰り返しになるが、この背景には、中国やインドなど人口大国の新興国の持続的経済成長により、資源の需給が逼迫していることがある。その結果、世界は「資源の枯渇」と「地球温暖化」という後戻りのできない「二つの危機」に見舞われるようになった。

ただし、ここで筆者のいう「資源」とは、「濃縮されて経済的な場所にまとまってある天然物」のことだ。このような生産コストの安い自然物が資源なのだ。しかし、毎年累積的に拡大する新興国の資源需要により、もはやこのような優良な資源は見つけ尽くされ、埋蔵量の半分ぐらいが生産されているという状況だ。

しかし、需要は将来的にも拡大していくとなると、濃縮されていない資源、経済的な場所にない資源も総動員して供給を増やさなければ間に合わない。こうした状況下で、世の中に広く薄く分布している鉄くずや非鉄くず、古紙、ペットボトルなどのリサイクル資源も資源化してきたのだ。

こうした文脈のなかで、水資源に関連したビジネスとしては、排水から希少価値のある有用化学物質を回収し、再利用していくというものも注目を浴びている。

主に無機汚泥などが発生する工場では、産業技術の高度化や半導体産業の拡大にともない、排水や余剰汚泥に含まれる有用化学物質の量や種類も増える。

これらの資源の価格が上昇したこともあって、リサイクルして有価物として売却したり、再び工場で利用したりといったビジネスが盛んになっているのだ。

たとえばフッ素である。猛毒のフッ素には強い酸性作用があり、すべての元素のなかでも最大の電気陰性度（電子を引き寄せる強さ）を持つ。その性格から何とでも化合し、シリコンウェーハーの洗浄やシリコン酸化膜のエッチング液などの溶剤として使われるほか、燃料電池の電解質膜素材など幅広く使用されている。

これらの回収にあたっては、松下環境空調エンジニアリングや日立プラントが、化学反応や加熱によってフッ素を結晶化・析出する回収システムを開発している。

トステムは、アルミサッシの表面加工に使ったフッ素を選択吸収する樹脂を用いた廃水浄化や、炭酸カルシウムをフッ素廃液に接触させてフッ素原料の蛍石に再資源化する技術を持っている。

また同社は、この残渣をフラックス剤原料として取引先の化学品メーカーに有価で売却している。メーカーは残渣を原料としてフラックス剤を生成し、再びトステムに納入。このサイクルによって、発生汚泥を完全に自社の原材料に還元するというスキームを作り上げた。

下水に含まれている資源としては、リンも挙げられる。肥料に使われるリンは、日本は一〇〇パーセント輸入に頼っているが、全国の下水道には肥料輸入量の三分の一に相当するリンが含まれるという。そのため、全国の自治体の多くで、リン回収プラントが稼働しはじめている。日本企業がオーストラリアでリン回収プラントを立ち上げるという計画もある。

世界的にも、汚染水や汚染土壌の処理ビジネスは注目されることになる。ここでもやはり中国だ。

中国都市部で深刻化する水問題

中国では、工業化にともない水質汚染も深刻化している。国家環境保護総局によると、二〇〇四年、七大水系（海河、遼河、淮河《わいが》、黄河、松花江《しょうかこう》、長江、珠江）の四一二ヵ所の水質監視結果は、I～III類、IV～V類、劣V類の割合が、それぞれ四二パーセント、三〇パーセント、二八パーセントであった（中国の水質基準はI～V類に分類され、規定が設けられている。I、II類は許容範囲内であるが、劣V類の汚染はかなり深刻である）。

そのうち、（一）海河水系は重度の汚染、（二）遼河、淮河、黄河、松花江は中度の汚染、

（三）長江は軽度の汚染で、（四）珠江の水質は良好であった。（一）〜（三）が発生しているのは、経済活動で発生した廃水の排出量が流域の環境容量をオーバーし、多くの河川が汚染され、流量が少ないことが要因である。

中国最長の河川・長江では、年間六〇〇〇万トンの産業廃棄物と未処理水がそのまま流されているといわれ、現地では環境汚染への危機感が強まっている。

こうした状況に対し、土壌汚染処理大手のダイセキ環境ソリューションや日立造船、戸田工業など日本の下水処理プラント各社が参入。ダイセキ環境ソリューションは、汚染水の調査や揮発性有機化合物による汚染土壌の処理事業を拡大している。

水資源問題は、中国が持続的な経済発展を達成するうえでの制約要因となりつつある。とくに、中国では、近年の人口増加や経済高成長により水資源の希少性が強まっており、都市化と特定地域への産業集積が、水資源の不足や水質汚染を深刻化させている。

また、若干データが古くて恐縮だが、二〇〇六年に筆者が中国でヒアリングをしたときの中国の都市における水資源をめぐる状況を紹介したい。

全国六五六都市（当時）のうち、二〇〇四年までに下水処理施設のある都市は二八五で、全体の四三パーセントに止まっている。国内には都市下水処理工場が六一七ヵ所あり、このうち二級処理工場が四七九ヵ所ある。一日当たりの下水処理能力は四二四五万トン、下水処理率は四二パーセント、下水収集率は二七パーセント、下水網の総距離は二〇万キロだ。ただ、設計規模が大きすぎるため、反応池・沈殿池などの下水処理設備が長期的には使用されないケースも多い。中国五三〇ヵ所の下水処理工場に対して検査を行った結果、二分の一以上が正常運転をしていないか、処理された下水が基準に達成していない状況にある。

全人代環境資源保護委員会の調査データによると、中国全体の下水処理工場のうち、正常運転をしているのはわずか三分の一にすぎず、計画上の処理能力を満たしていないものが三分の一、遊休状態にあるのが三分の一である。

中国国内の水処理工場の三分の一が遊休と仮定した場合、全体で一日当たり一〇〇〇万トン以上の下水処理能力が使われていないことになる。一日当たり下水処理能力一万トンの処理工場の最低建設投資額を一〇〇〇万元（一・五億円）とすると、下水処理工場の遊休資産は一〇〇億元以上に達すると推定される。

ではなぜ、下水利用率が上がらないのか。要因としては次のものがある。

（一）下水処理工場の運営資金不足

多くの下水処理企業は、債務負担が多いうえ、下水処理費用の徴収が徹底しておらず、徴収した下水処理費用だけでは工場の正常運営を支えることができない。たとえば、四川省が管轄する三一ヵ所の下水処理工場は、一日当たり設計処理能力が二〇九万トン、一日当たりの平均処理コストは一トン当たり〇・六元である。しかし、下水費用徴収基準は一トン当たり〇・四元未満で、〇・二元の不足が生じ、一年間の経営赤字は一億五〇〇〇万元以上となっている。

（二）下水回収システム（下水管網）建設の遅滞

下水回収システム、すなわち下水管網の敷設が遅れており、都市排水を下水処理工場に運び込むことができず、処理工場設備が活用されていない。河南省焦作《しょうさく》下水処理工場の一日当たりの設計下水処理能力は一〇万トンだが、下水管網が完成していないため、現段階での一日当たり処理量は五万～六万トンにすぎない。

（三）設計規模が大きすぎることに起因する運営困難

重慶市の下水処理工場の例では、一日当たりの設計下水処理能力は一万トンだが、実際の下水量はわずか二〇〇〇トンにすぎず、設備は大半が遊休状態にある。

上下水道技術の海外展開を

造水・下水事業だけでなく、水ビジネスの第一・第二段階である上下水道事業においても、日本が海外で活躍する可能性は高い。日本では早くから上下水道が発達しており、その歴史は三〇年以上。それぞれの自治体が長い時間をかけてノウハウを積み上げてきたのだ。

現在でも、さまざまな企業や自治体が水道事業を海外で展開している。

たとえば、さいたま市水道局はラオスのビエンチャン水道局と独自に覚書を締結。二〇一〇年度から二ヵ年にわたる中堅職員の交流研修を実施している。

川崎市（JFEエンジニアリング）は、オーストラリアのクイーンズランド州が行っている分散型水供給（雨水利用・下水再利用）システムの適用検証に、水質・水量管理や課金システムで協力。これはNEDO（独立行政法人　新エネルギー・産業技術総合開発機構）の「省水型・環境調和型水循環プロジェクト」の一つとしての取り組みだ。

こうした取り組みは、まだ「入り口」の段階にある。どうしても海外の企業よりも出遅れてしまった部分があるのだが、それは課題であると同時に、今後の可能性であるともいえるだろう。

問題はほかにも存在する。上水道、すなわち飲み水を求めているのは最貧国の人々も同じだ。これらの人々に対しては、BOP（Base of the Pyramid）と呼ばれる最貧地域におけるビジネス開発がある。

ワールド・リソース・インスティテュートによれば、世界四〇億人のBOP水道市場は二〇〇億ドルとみられる。ヴェオリア・ウォーター社は、バングラデシュでグラミン・ヴェオリア・ウォーター社を設立し、五〇万ユーロ（約五〇〇〇万円）の投資で一〇万人以上に飲料水を供給している。

日本も上下水道技術をもって、こうしたBOPビジネスの展開を検討すべきであろう。ただ問題は、当然のことながら、BOP国と日本とでは大きな経済格差があることだ。

そのため、BOP国でのビジネスにおいては「日本人スタッフが一人入っただけで赤字になってしまう」といわれているほどだ。

だが、だからといってBOPビジネスに参入しないという手はない。BOP国の経済が底上げされれば、ビジネスチャンスは拡大するのである。

たとえば海外の企業では、発展途上国で携帯電話の販売と営業に現地の女性を採用しているという。彼女たちは貧困層の出身だが、こうして働くことで経済的な自立が可能になる。そのことは経済の底上げにつながり、ゆくゆくは大きなビジネスを展開することも可能になるだろう。

もちろん、その会社は「昔から我が国の経済を支えてきた」と認識され、その時点で社会に深く浸透している。会社のバリューが、新規参入よりも遥《はる》かに高いものになっているのだ。

このように、BOP国では将来を見越した、息の長いビジネスを展開していく必要があるのだ。

「チーム水・日本」の取り組み

日本ほど水にまつわる言葉の多い国はない。水を差す、水揚げ、水いらず、水杯《みずさかずき》、水臭い、水商売、水の泡、水増し、瑞々《みずみず》しい、水も漏らさぬ、寝耳に水……まさに日本は水の文化にあることが分かる。それだけ日本に水資源が豊富である証拠だ。

日本が、恵まれた水資源をフルに活用し、海外でビジネスを展開していくためには、当然ながら国のバックアップも不可欠だ。

自民党政権時代の二〇〇九年には、「チーム水・日本」という取り組みがスタートしている。これは日本政府と水の安全保障戦略機構や各行動チームが連携し、国内においては「安全・安心の国土づくり、食料自給、上下水道の維持更新、水エネルギー」に取り組み、国際社会では「世界の水問題解決への貢献、循環型水資源社会のための国際貢献」を行うことによって水の安全保障を確立しようというものである。

発起人には、森喜朗《もりよしろう》元総理や御手洗冨士夫《みたらいふじお》日本経済団体連合会会長、丹保憲仁《たんぼのりひと》氏（北海道大学・放送大学名誉教授）が名を連ねている。設立趣意書から、一部を引用してみよう。

〈国内の水問題の解決のための行動の第一義的責任は各国にあります。今後とも水による恩恵を享受《きょうじゅ》し分かち合い、水害から身を守りながら、水に関わる文化を培《つちか》い、水に育まれた環境を後世代に引き継いでいくためには、私たち日本国民が、地球規模の変化や国際情勢にも適切に対処し、これまで以上に絶え間なく努力を積み重ね、流域における良好な水循環を確保するなど、日本を持続可能な健全な国土とする必要があります。

また、世界に支えられている日本が世界全体の水問題の解決のために行動することは国際社会の一員としての日本の責務です。私たち日本国民は、日本国内の水問題の解決のみならず、厳しい状況が進行する21世紀の国際社会の水問題の解決のため立ち向かう必要があります。日本が水分野において積極的かつ主体的に活動し国際貢献することは、日本が世界から親しまれ尊敬されるだけでなく、世界の中の日本の安全保障につながります。

私たち日本国民が国内外の水問題の解決に貢献するためには、政治的意志の下、あらゆる人材、資源、技術、ノウハウを動員して取り組むことが何よりも肝要《かんよう》です。関係省庁や地方自治体の連携はもとより、学協会における叡智《えいち》の結集、民間企業の経済活動の円滑化、NPOのきめの細かい活動の展開に加えて、これまでの行動体制の枠を超えた活動にも取り組む必要があります。このため、水問題解決の実現を目指して行動する主体となる「チーム水・日

本」の形成とその行動主体を支援する「水の安全保障戦略機構」の設立を呼びかけます〉

これらの内容については、私もまったく異論はない。国内においても海外においても、水にまつわる問題を解決することは大きな課題だ。そのことで、日本は世界のなかでの存在感をさらに高めることができる。

水ビジネスに世界標準はない

この「チーム水・日本」は、東日本大震災後も活発な会合が持たれている。大震災による上下水道の被害状況報告と対応、低炭素社会や水循環社会の問題、農業用水の問題などが取り上げられている。

二〇一一年六月二日、水の安全保障戦略機構事務局によって出された「水の安全保障戦略機構」の今後の活動方針によれば、「国内活動として、33の行動チーム及び執行審議会委員所属団体の活動を支援し、活動報告会を適宜《てきぎ》実施する」とある。また、海外についても「海外水ビジネスの具体的なプロジェクトの形成に貢献していく」との言及がある。

なんとも隔靴《かっか》掻痒《そうよう》な感がせずにおれない。「世界の水危機」「日本の水危機」「日本の責務」「日本の水の叡智と技術」「水の安全保障」など、謳っている大きな言葉に対する具体的な動きが見えないためだ。とくに、海外の水戦略においてそう感じざるを得ない。

その原因の一つは、政権交代によって自民党が下野したことだが、問題はそれだけではなさそうだ。

「チーム水・日本」は、たとえるなら船である。その船に、「行動チーム」としてさまざまな組織が参加したのだが、結果として相乗り状態になってしまったのだ。

「チーム水・日本」にどんな組織が参加しているか、いくつか列記してみよう。


雨水の活用システム「提案・検証」チーム……雨水の資源化に向けて分別集水から計画的貯水、有効活用、運搬、保存、精製と関連業種の参加、各省庁の連携強化で狭間の問題点を、学校を防災要塞としながら検証する。

宇宙利用　気象・水観測等チーム……衛星機能の棚卸《たなおろし》を行い、既存衛星の利用範囲を明らかにする。我が国の衛星事業のあり方を検討する。衛星利用が比較的進んでいる我が国と利用があまり進んでいない地域、特にアジア地域において、水に関連する利活用（ユーザー）の視点から既存衛星の利用促進方策の明確化を図る。ユーザーの立場より、将来必要とされる利用要件を明らかにする。

途上国トイレ普及支援チーム……関係行政機関、地方自治体、広範囲な民間企業、ＮＰＯそして多くの国民が一丸となって、日本が様々な形で培ってきた衛生向上に関する法制度等の仕組み、人材、技術、経験を活用した、地域の習慣・文化、発展段階に合った適切な手法の導入とその維持・発展のための事業や活動の促進を目指すことで、途上国の衛生を向上させ、乳児死亡率の低下、水環境の改善、人間の尊厳の回復、就学率の向上、生産性の向上、ジェンダー平等の推進、感染症の罹疾患《りしっかん》率低下など、途上国の貧困削減に貢献する。

そのほか、「チーム水・日本」のホームページには、前述したように合計三三のチームが名を連ねている。雨水の活用から衛星事業、トイレ、ほかにもリン資源リサイクルや広報支援、ヒートアイランド緩和、ファイナンス支援など、その目的は非常に幅広い。

それぞれのチームが取り組んでいる内容は、どれも重要なものだ。本書でも取り上げてきたように、一口に「水」といっても、関連する分野は多岐にわたる。

しかし、それを「チーム水・日本」というかたちでひとまとめにしてしまうのは無理があった。水の問題（可能性）は、一般論でくることができるものではないのだ。

たとえば上水道にしても、必要とされる水質はそれぞれの国の事情によって変わってくる。どの国でも、日本のように最高品質の水を提供しなければならないというわけではないのだ。「美味しい水よりも、とりあえず安全であれば、それでいい。まずは安定した供給を」という場合も多い。

水ビジネスには標準、グローバルスタンダードというものがありえない。相手によってニーズが違うし、プロジェクトの内容も変わってくる。逆にいえば、小さなプロジェクトであっても受注することで確かな経験を得ることができるのである。

必要なのは、個別具体的な取り組みと、それに対する丁寧な支援だ。まずは具体的な事業があり、それに取り組むことによって課題や問題点が浮かび上がってくる。そのうえでなければ、国としてどんな支援が必要かも見えてこない。

日本企業の最大の弱点とは

海外で水ビジネスを展開する際に必要なのは、その国のニーズに応じたサービスだ。国がバックアップするにしても、一般論だけでは通用しない。具体的な案件を通じて経験を積み、成果をあげることが重要なのだ。

そうして個別具体の経験を積み、問題点が見えてきたところで国が支援すべきは、個々の案件を横につなげていくことだろう。

以前から指摘されているのは、トータルなビジネス展開の必要性だ。たとえば、水の浄化施設と配送、代金回収がバラバラにビジネスを行っても効率は悪い。これまで日本の水道局は、建物自体はゼネコンに発注してきた。つまり、建設事業と管理事業が分かれているのだ。それでも不都合はなかったが、海外でのビジネスとなると事情は違う。

二〇一〇年に、アラブ首長国連邦における原子力発電建設プロジェクトの受注を日本が獲得しようと動いた際に、韓国に取られてしまうという出来事があった。このとき、日本が原発の建設だけを提案したのに対し、韓国側は原発に付随する道路や港湾などのインフラを丸ごとセットで提案してきたのだという。またロシアは、原発をウランの供給とワンセットで提案している。

このような、トータルなビジネス展開を加速できるかどうかが、海外における日本の水ビジネスの命運を握っているといってもいいだろう。そのためのバックアップこそ、国が促進すべきものではないだろうか。

そして、水ビジネスを海外で展開するにあたっての最大の課題は、人材の育成だ。

人材といっても、技術者のことではない。技術では日本は世界でもナンバーワンといえるものを持っているのだが、その技術を海外で売り込む、すなわちプロジェクトを提案できる人材が少ないのだ。

日本企業がいくら高い技術を持っているといっても、海外での案件を簡単に受注できるわけではない。外国企業との激しい「争奪戦」を勝ち抜く必要がある。

もちろん、その入札はオープンなものなのだが、実際には「仲間うちの人脈」とでもいうべきもので決まってしまう部分も大きいのだ。

そこが、日本企業の最大の弱点だといえるだろう。水ビジネスが、長い歴史を持つ外国企業同士のインナーサークル化してしまっているのだ。

上下水道に関して開発が必要なのは、アフリカやアジア、南米などの貧困国だ。これらの国々はかつて植民地であり、その宗主国はヨーロッパの国々だった。そして今でも、過去の宗主国は、金融をはじめさまざまな面で植民地に対して多大な影響力を持っている。日本は、そんな歴史的な背景を持つビジネスに食い込んでいかなければならない。

オープンな入札のはずが、開始前から受注先がほぼ決まっている——そんなインナーサークルに、いかにして割って入るか。裏で立ち回るエージェントも、日本にはいない。

単に技術だけでは勝負できず、一方で欧米企業が技術面で猛烈にキャッチアップしているなか、日本は産業の横割りを進め、高い技術に加えてプロジェクト全体をマネージメントし、受注率を高める人材を育成していくことが急務であろう。

震災後の日本のあり方を考えると

二〇一一年三月一一日に発生した東日本大震災は、日本のあり方を大きく変えることになるだろう。そこに水が大きく関わってくるのは間違いない。

震災後、都内のスーパーマーケットやコンビニエンスストアからも、水やコメ、パン、弁当、それにカップ麵などが消え失せてしまった。買い占め、買いだめのせいである。

実際には買いだめをする必要などなかったのだが、消費者の心理として、そうせずにはいられなかったのだろう。これはやはり水と、そこから派生する食糧供給の問題ではないか。水も食糧も安定して、大量に供給されるのだという安心感が日ごろからあれば、買いだめはしなかったはずだ。

食糧は、単なる「商品」ではない。不足すると見ればたちまちパニックを引き起こす「政治財」に転換する。政府には、充分な量を安定した価格で供給する責任がある。市場原理に任せるだけではいけない。

しかし実際には、それが果たせていなかったということになる。物流が分断されてしまったという要因があるにせよ、人々は震災で、真っ先に飲み物や食べ物に不安を抱いたのだ。

そもそも、震災によって大きな被害を受けたわけではない都内で、水や食品が売り切れてしまうというのは異常なことだ。コンビニでは「棚に空きスペースがあってはいけない」という鉄則があるのだが、それを守ることができないほどだったのである。物流の分断以上に、人々の不安が大きかったのだろうと思う。

これまで、日本には漠然とした「コメは余っている」という感覚があった。そのため、食糧を輸入に頼っているという現状にも目を向けてこなかったきらいがある。だが、震災によって日本の食糧事情がいかに脆弱《ぜいじゃく》であったかを思い知らされることになった。

しかも、海外では食糧価格が高騰している。最大の要因は、中国やインド、ASEAN諸国など新興工業国の消費拡大である。世界の食糧生産も拡大し過去最高水準にあるものの、旺盛な新興国消費に追いつけず、干魃や洪水などの天候異変や政情不安などで供給が不足すると見れば、世界的な金融緩和基調のなかで投機マネーが流入し、「均衡点価格の変化」をもたらしているといえよう。

先述の通り、アメリカ農務省（USDA）によると、一九九〇年代後半にかけて約一八億トン台で安定的に推移していた穀物の生産量は、二〇〇〇年以降、拡大基調をたどり、二〇一一～二〇一二年度の生産量は二二億七四〇〇万トンと、史上最高となる見通しである。過去一〇年間で生産は四億トン以上増加している。

これを受けて、穀物の期末在庫率（期末在庫量／年間消費量）は、一九九〇年代末の三〇パーセントをピークに二〇〇〇年代に入って急低下し、二〇〇六～二〇〇七年度末には一六パーセント台となった（一時一四パーセント台まで低下し、食糧危機騒動があった一九七三年を下回った）。

その後、穀物価格が歴史的なレベルまで高騰したこともあり、同在庫率はいったん二〇パーセント台を回復したものの、旺盛な消費により在庫の積み上がりは限定的で、二〇一一〜二〇一二年度末には再び一八パーセント台まで低下する見通しである。

すなわち、近年のダイナミックに拡大する穀物市場においては、消費―生産―在庫のそれぞれが相互に関連しながら拡大循環をしているのであり、干魃などで一時的に需給バランスが崩れると価格暴騰につながりやすい。したがって、在庫数量が過去と比べて潤沢《じゅんたく》にあるからといって安心はできないのだ。

日本は耕作放棄や生産調整を行っている場合ではない。もはや世界を頼りにすることはできない。いまこそ耕作放棄地や生産調整地での飼料用米の生産をはじめ、農業技術、環境対応、人材など、あらゆる資源を総動員して、国内食糧生産の拡大均衡、食料自給率の向上を目指し、来たる食糧危機に備える段階を迎えているといえよう。

先述のとおり、これまで日本の農業においては、過剰と不足が混在していることが問題を複雑化してきた。コメの過剰の一方で、トウモロコシ、小麦、大豆などの穀物が不足し、毎年約三〇〇〇万トンを恒常的に輸入せざるを得ないという問題である。

「食料・農業・農村基本法」は、国民に「良質な食料が合理的な価格で安定的に供給され」ることを主要目標として掲げ、そのための手段として国内の農業生産の増大を基本に、輸入と備蓄を適切に組み合わせるとしている。しかし、穀物についてはコメの生産力が減少し、備蓄も民主党の事業仕分けにより経済合理性に照らした規模縮小を勧告された。

今こそ日本の農業のあり方を考えなくてはならない。そして日本の農業を見直すことは、ひいては日本の水を見直すということであるのだ。

東日本大震災によって、水と食料への意識はさらに高まることになった。東日本では、震災で工場や道路、鉄道、港湾などのインフラが大きな打撃を受けた。民間でいえば、もちろん住宅が数多く失われている。

上下水道に関しても、問題が見えてきた。たとえば、東京・葛飾《かつしか》区の金町《かなまち》浄水場で放射性物質が検出されるという騒動があったが、調べてみると、金町浄水場から水が運ばれるエリアは多摩川周辺にまで及んでいる。

水は、ほかの物質に比べて比重が重く（石油の一・二倍）、かさばる物質である。運ぶためには当然、電力も使う。金町から多摩川周辺にまで水を運ぶのは、いかにも効率が悪い。日本のような急峻な地形であれば、重力に従うかたちで上から下に運ぶほうが自然だ。

こうしたことも踏まえて、新たに水道施設を設置していくことが、これからの日本には求められる。東北の被災地でも、津波を避けて高台に新たに住宅を建設していくことになるが、そこには充分な上下水道が設置されていない。ここでもやはり、国が再編成していく必要があるのだ。

日本で上下水道が完備されるようになってから、およそ三〇年から四〇年という時間が経っている。東日本大震災でライフラインがズタズタになってしまったことも踏まえ、そろそろ大きな見直しの時期に来ているのではないだろうか。

第一次産業を中心に東日本再興を

東日本における水の再構築は、さまざまな分野に及んでくる。

漁業もその一つだ。現在はそれぞれの入り江ごとに漁業組合があるという状況だが、これも集約化が必要になってくるだろう。大きな漁港をつくり、そこに組合を集約させるのだ。つまり漁業権を再編成していくのである。

漁港では、水や氷を大量に使う。氷を作るための電力も必要だ。漁業、水道、電力と各事業が単体であるのではなく、トータルなかたちで再編成していくことが重要になる。

もちろん農業においても、水や電気などとのトータルな再編成が必要だが、同時に農業自体を活性化させることも大事だ。農地を遊ばせておかず、フル活用していくのである。

今後、推し進められるべきは、真の意味での耕作者主義、自作農主義への転換だ。現在、農業をやりたいという人には農地は開放されているのだが、それは建て前上のことでしかない。実際には各市町村に農業委員会があり、参入を拒否してしまっている。

農業者戸別所得補償制度によって、水田一枚(一〇アール)当たり一万五〇〇〇円を国からもらえるという状況では、「土地を売るよりも遊ばせておいたほうが得だ」ということになってしまうのだ。これでは、農業人口が増えるはずがない。

また今後、東日本では、工場や住宅などで復興需要が発生することになる。ただし、そのためのエネルギー、つまり電力はどうしても不足してしまう。

となると、東日本の復興は、限られた電力でもできるかたちで、ということになる。つまり、中心となるのは第一次産業だ。製造業などは西日本へシフトし、東日本には第一次産業が集積する——こういうかたちで、産業構造が大きく変わることになるのではないか。

いわゆる「儲ける」仕事は西日本で、東日本では悠々自適の生き方重視。そんな世の中になっていくと私は考えている。西日本と東日本が都市ごとに連携し、西日本が経済を支え、東日本が食糧を支えるといったかたちも出てくるはずだ。

といって、そのことで東日本が経済的に貧しくなるとばかりは限らない。農業にもさまざまな形態があるし、日本産の高品質なコメや果物、野菜は、海外での注目度も上がっている。「儲かる農業」も充分に可能なのだ。そしてここでもやはり、農家と商社がタッグを組んでのトータルなビジネス展開が重要になってくる。

最先端農業都市に見る希望

第一次産業が東日本の中心になるというと、どうしても「古い生き方を強いられる」と感じる人が出てきてしまうかもしれない。確かに、これからの東日本では悠々自適、収入は少なくても食べるものは自分で確保する「生きがい」重視のライフスタイルを送る人々が増えてくるはずだ。

しかし、決してそれだけではないということもいっておきたい。

たとえば、ソフトバンクの孫正義《そんまさよし》社長が提唱する「電田《でんでん》プロジェクト」である。孫社長は、二〇一一年五月二五日の「自然エネルギー協議会」の設立発表会見で、この電田プロジェクトを自然エネルギー普及拡大の柱とすることを発表した。

これは、休耕田や耕作放棄地に太陽光パネルを設置しメガソーラー発電地とするもの。全国の休耕田と耕作放棄地の二割に太陽光パネルを敷き詰めると約五〇〇〇万キロワット、原発五〇基分を発電できるという。夏場の東京電力の電力供給量の八〇パーセント分だ。

孫社長によれば、日本は太陽光発電に適した土地であるという。従来は砂漠など日差しの強い土地向きとされてきたが、「太陽光パネルを砂が覆ってしまい発電効率を下げてしまう土地より、日本のように適度に雨が降り、日照時間も適度に長いところのほうが太陽光発電に向いています」と孫社長。

この電田プロジェクトと、全国の屋根に太陽光パネルを取りつけ二〇〇〇万キロワットを発電する「屋根プロジェクト」などの自然エネルギーで、約一億キロワットを自然エネルギー導入の目標値に掲げるべきだとしている。そのことで、国内の電力消費の二〇パーセントをまかなえる可能性があるというのが孫社長の考えだ。

もちろん、自然エネルギーはまだ過渡期の技術である。定着するには時間が必要だろう。だが、こうした技術に注目することで、日本の未来が拓《ひら》けていくことは間違いない。そこにこそ、技術大国である日本の生きる道があるのではないか。

東日本でも、太陽光などの技術を駆使した最先端の農業都市、すなわちアグリカルチャー・ソサエティが実現すれば、それは単なる日本復興のシンボルではなく、最先端の街のあり方、人の生き方を世界に提示することにもつながる。

日本は海外から憧《あこが》れの目を持って見られることになり、そのノウハウを海外で展開することも可能だ。水と農業を中心に日本を考えることで、日本はほかの国々に対して先行メリットを持つことになるのである。

おわりに――日本と日本人の「役割」

二〇一一年三月一一日の東日本大震災から一ヵ月あまり経った頃、茨城県の暴走族が解散したという記事を新聞で読んだ。茨城県大洗町《おおあらいまち》を拠点に活動していた暴走族が、水戸署で解散式を行ったのだという。

メンバーを替えながら三〇年も活動してきた暴走族が解散したきっかけは、大震災で故郷が被害に遭うなか、周囲の大人たちから「飲む水はあるのか」などと気遣われたことだったそうだ。

敵だとしか思っていなかった大人たちからの思いやりに、彼らは「暴走なんてしている場合じゃない」と考えるようになったのだという。メンバーは泥まみれになった町役場の清掃に参加。がれきの片づけや浜辺の清掃などを行うボランティアチームとして再出発を果たしたそうだ。

このニュースで感じたのは、人間にとっての「役割」の重要性だ。震災後の日本人には、復興に向けてそれぞれ自分の果たすべき役割が生まれた。「自分勝手に生きてはいられない」、そんな意識が、暴走族を解散させたのだ。

かつての日本も、同じだったのではないか。個人的な経験をいえば、少年時代の筆者は毎日四時になると遊ぶのをやめ、家の風呂焚きをしたものだ。それを不満に感じることはなかった。物心ついたときから母がリウマチで椅子に座ったきりのため、自分がその役割を果たさなければ、家族が風呂に入れないのだからやるしかない。それが当然のことだった。

隣の家のかずちゃんは、馬車馬の青（昔の馬の名前は大抵が「青」か「鼻じろ」だった）のために飼い葉（稲わらを細かく切って馬のエサとする）を切った。誰もが自分の役割を持っていた。

そして、自分の役割を果たせば、周りから感謝される。毎日の日課のためことさら褒《ほ》められることはなかったが、私はそう感じていた。「生きる」「働く」「暮らす」ということは、何でもないようであるが、社会のなかで自分の役割があってはじめて可能なことなのだ。

東日本大震災ではっきりしたことは、それぞれにやるべきことがあり、そのことで絆《きずな》が生まれるということだ。そのようにして、日本は新しいあり方を築いていくのだと思う。

都市型生活のなかで、「やりたいことが分からない」と悩む若者は多いという。しかし、学生時代の筆者もそうだった。生きがいを見出せず、生活に行き詰まって自殺を選んでしまう人もあとを絶たない。

だが、果たすべき役割があれば、人は生きていくことができる。水と食糧を中心に社会のあり方を見直し、第一次産業によって東日本を復興していくことで、日本人は役割と生きがいを見つけることができるだろう。それがいわば社会のセーフティネットだ。

そして水ビジネスの海外展開も、日本にとっての重要な役割である。水不足に苦しむ最貧国の人々に水を供給する。水の再利用によって、より豊かで安全な世界を作る。水資源に恵まれ、高い技術を持つ日本は、これからますます世界で果たすべき役割があるのだ。そのことで、日本は世界をリードする国として発展することができるのである。

二〇一一年一一月

柴田《しばた》明夫《あきお》

主要参考文献

『世界水発展報告書　人類のための水、生命のための水』　国際連合
『世界開発報告2008　開発のための農業』　国際連合
『水の世界地図　第2版　刻々と変化する水と世界の問題』　マギー・ブラック、ジャネット・キング　丸善
『世界のかんがいの多様性』　農林水産省農村振興局
『海外農産物需給レポート』　農林水産省
『中国統計年鑑』　中国国家統計局
『黄河断流　中国巨大河川をめぐる水と環境問題』　福嶌義宏　昭和堂
『小事典　暮らしの水　飲む、使う、捨てる水についての基礎知識』　建築設備技術者協会編　講談社
『資源に何が起きているか？　争奪戦の現状と未来を知る』　柴田明夫　TAC出版
『風土　人間学的考察』　和辻哲郎　岩波書店
『水資源の統合化に関する調査研究』　資源協会
『日本の「水」がなくなる日　誰も知らなかった水利権の謎』　橋本淳司　主婦の友社
『朽ちるインフラ　忍び寄るもうひとつの危機』　根本祐二　日本経済新聞出版社

柴田明夫

1951年、栃木県に生まれる。資源・食糧問題研究所代表。1976年、東京大学農学部卒業後、丸紅に入社。鉄鋼第一本部、調査部などを経て、2001年、丸紅経済研究所主席研究員。2006年から同研究所所長を務める。2011年、資源・食糧問題研究所を開設。農林水産省「食料・農業・農村政策審議会」「国際食料問題研究会」「資源経済委員会」等の委員を歴任。国土交通省「国際バルク戦略港湾検討委員会」の委員も務める。

著書には『資源インフレ』(日本経済新聞社)、『水戦争』(角川SSC新書)などがある。

講談社＋α新書　578-1 C

日本《にほん》は世界一《せかいいち》の「水資源《みずしげん》・水技術《みずぎじゅつ》」大国《たいこく》

柴田明夫《しばたあきお》

2011年11月20日第1刷発行

発行者―――鈴木 哲
発行所―――株式会社 講談社
東京都文京区音羽2-12-21 〒112-8001
電話 出版部(03)5395-3532
販売部(03)5395-5817
業務部(03)5395-3615

カバー写真―――Getty Images
デザイン―――鈴木成一デザイン室
カバー印刷―――共同印刷株式会社
印刷―――慶昌堂印刷株式会社
製本―――牧製本印刷株式会社

定価はカバーに表示してあります。

落丁本・乱丁本は購入書店名を明記のうえ、小社業務部あてにお送りください。

送料は小社負担にてお取り替えします。

なお、この本の内容についてのお問い合わせは生活文化第三出版部あてにお願いいたします。

Printed in Japan
ISBN978-4-06-272741-9

講談社+α新書

書名	著者	内容	価格・番号
家計株式会社化のススメ	藤川　太	「サラリーマンは二度破産する」は間違っていた。すでに破綻状態の家計を救う株式会社化術	838円 558-1 D
「キャリアアップ」のバカヤロー　自己啓発と転職の〝罠〟にはまらないために	常見陽平	『就活のバカヤロー』の著者が、自らの体験を交えてキャリアアップの悲喜劇を鋭く分析！	876円 559-1 B
「運命」を跳ね返すことば	坂本博之	「平成のKOキング」が引きこもり児童に生きる勇気を与えた珠玉の名言集。菅原文太さん推薦	838円 560-1 A
人の5倍売る技術	茂木久美子	車もマンションも突然、売れ始める7つの技術。講演年150回、全国の社長が唖然とする神業	838円 561-1 C
日本は世界1位の金属資源大国	平沼　光	膨大な海底資源と「都市鉱山」開発で超高度成長が到来!!　もうすぐ中国が頭を下げてくる！	838円 562-1 C
異性に暗示をかける技術　「即効魅惑術」で学ぶ7つのテクニック	和中敏郎	恋愛も仕事もなぜか絶好調、言葉と仕草の魔術　モテる人は永遠にモテ続ける秘密を徹底解説！	838円 563-1 A
ホルモンを制すれば男が蘇る　男性更年期克服最前線	桐山秀樹	イライラ、不眠、ED——その「衰え」は男性ホルモンのせい。「男」を復活させる最新健康法！	838円 564-1 B
ドラッカー流健康マネジメントで糖尿病に勝つ	桐山秀樹	経営の達人・ドラッカーの至言を著者が実践、「イノベーション」と「マーケティング」で糖尿病克服	838円 564-2 B
所得税0《ゼロ》で消費税「増税」が止まる世界では常識の経済学	相沢幸悦	増税で財政再建は絶対にできない！　政治家・官僚の嘘と世界の常識のホントを同時に学ぶ!!	838円 565-1 C
呼吸を変えるだけで健康になる　5分間シクソトロピーストレッチのすすめ	本間生夫	オフィス、日常生活での息苦しさから、急増する呼吸器疾患まで、呼吸困難感から自由になる	838円 566-1 B
白人はイルカを食べてもOKで日本人はNGの本当の理由	吉岡逸夫	英国の300キロ北で、大量の鯨を捕る正義とは!?　この島に来たシー・シェパードは何をしたか？	838円 567-1 C